奥本昆虫記

INSECTORUM THEATRUM

Daisaburou Okumoto

奥本大三郎

◈もくじ◈

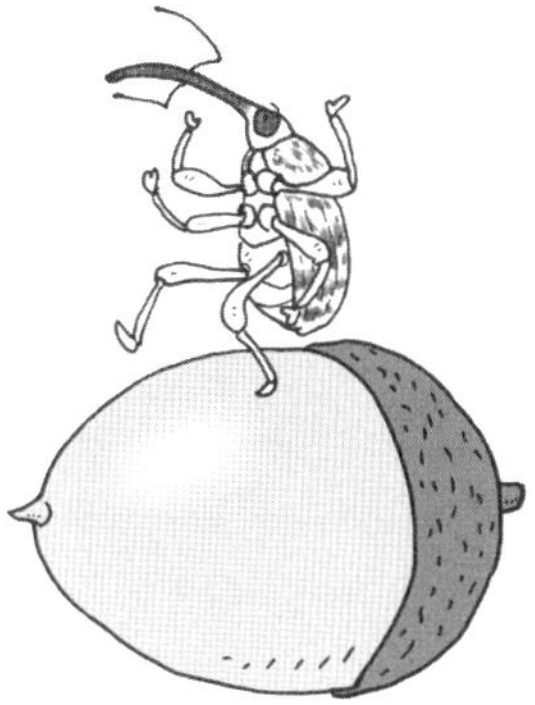

装画・装丁・挿絵：やましたこうへい(mountain mountain)

1 蜜蜂

蜜は甘い。だが蜂は刺す。薔薇に棘があるように、蜜蜂には剣がある。この世に苦痛を伴わぬ甘美さはない。

人間はつくづくあつかましい動物であって、たとえば「蜜蜂」、とこの蜂に名づけたとき、その蜜はもう、自分のものだと思い込んでいる。「働き蜂」は人間のために働いていると考えているふしがある。

「役牛」「乳牛」「食用蛙」「益鳥」等々みなこの伝である。自然は人間のために存在し、人間に奉仕する、とほとんど無意識の確信を持っている。

しかし「天は生物の上に生物を造らず、生物の下に生物を造らず」というのが本当のところであろう。下等、高等と、生物の身体の仕組その他を研究して分類することはできるけれど、その高等、下等という言葉に深い意味を

持たせることが正しいのかどうか、疑問だと私は思う。

働き蜂は、結局は自分の群のために働いているのであろう。幼虫時代から働き蜂用の食料を与えられて育ち、成長してからも女王の分泌する「女王物質」をなめることによって卵巣の発達を抑えられている――つまり女王物質なるものは、数千万年もの昔から用いられてきた、安全無害・完全無欠の経口避妊薬なのだと昆虫学者は言う。

だから働き蜂はひたすら働く。それ以外のことはしないのである。しかし、女王蜂だけが甘美なものを独占しているわけではない。結婚飛行のあと、彼女はほとんど痴呆化し、今や卵を産む機械と化している。もし労働も産卵も蜂にとって苦痛であるとすれば、彼等の刻苦勉励の生涯は、甘美さぬきの、苦痛の連続ということになる。もちろんこれは、人間の目から見ての感想である。

花を訪れた働き蜂は、蜜と花粉とを巣に持ち帰り食物とする。その毛深い肢《あし》を子細に見れば、丸く固められた花粉団子がくっ付けられているのがよくわかる。これがすなわちハチのパンなのである。

2

クサカゲロウ

『薔薇の一株　昆虫世界』――明治三十年、後に岐阜の〝名和昆虫翁〟として世に識《し》られることになる名和靖が、四十歳のときに著わした応用昆虫学に関する啓蒙書の題名である。

一株の薔薇に無数のアブラムシ（アリマキ）が付いてその汁を吸う。アブラムシをアリが護り、尾端から分泌する〝甘露〟をなめる。猛烈な繁殖力で殖え続けるアブラムシがついには薔薇を枯らしてしまうか、と危惧していると、ナナホシテントウの親と子、ヒラタアブの子、クサカゲロウの親と子らが現われて、アブラムシをこれまた猛烈な勢いで捕食する……庭のたった一株の薔薇を舞台として繰り広げられる昆虫の世界の驚異と、それを知ることの重要性を、名和靖は平易に、分かりやすく説いたのである。

クサカゲロウは夏の夜に灯火を慕って窓から入ってくる弱々しい小さな虫で、その翅《はね》の薄いところから、英名ではレース・ウィングという。西洋のお伽噺の妖精のようにも見えるけれど、手にとってよく見れば、眼が赤くキラリと光り、大腮《おおあご》は鋭く強く、カマキリと同じような顔をしている。なるほど、肉食の虫だと納得される。雌は電燈の笠などに、糸のような柄のついた白い卵を産み付ける。これがすなわち優曇華《うどんげ》である。やがてめでたく孵化した幼虫は見るも恐ろしい姿をしていて、親子でアリマキをむさぼり食う。

しかし、本当に恐ろしいのはその事ではない。アブラムシは、自分たちの数が殖え過ぎると、カイロモンという物質を出してクサカゲロウをわざわざ呼び寄せるのであるという。そうやって、仲間全員が枯死する薔薇と運命を共にすることを免れる。

地球という一株の薔薇の上の最強の動物、人間が殖え過ぎたとき、我々が自ら呼び寄せるものは軍神マルス、と考えれば、アリにとってのクサカゲロウと、やはり同じか。

3 ダイコクコガネ

屎尿《しにょう》の処理は、世界中どこでも都市の大問題であるけれど、本来から言えば、そんなことで困っている都市そのものが異常な場所なのである。

放牧されている牛や馬が糞をすると、虫がブーンと飛んできてそれを処理してしまう。大小さまざまな甲虫《こうちゅう》が、糞に集まってきて、その下に穴を掘り、中に糞を取り込んだり、あるいは糞の中にもぐり込んでトンネルを縦横に掘り、むしゃむしゃ食ったりする。

あるいはまた、日本には残念ながら産しないけれど、スカラベ（タマオシコガネ）といって、糞を丸めて玉を造り、それをころがして行く糞虫もある。

だから、自然環境が整っている牧場では、二、三日もするうちに、牛馬の糞はほとんど無くなってしまう。あとにはパサパサしたワラくずのようなも

のが残っているだけである。

牛馬だけではない。すべて糞をする動物には、その糞を好んで食う糞虫がいる。人には人の、猫には猫の、犬には犬の糞を、ほとんど専門のようにして受け持つものがいるのである。そうでもなければ、太古からの生物の排泄物で地表が覆いつくされ、植物が枯死するというような状況がいたるところに現出したはずである。

都会の犬の糞がいつまでも残っているのは、人間が地面をコンクリートで固め、自然環境を破壊したために、そういう糞虫どもが棲みにくくなっているからである。

ダイコクコガネは体長約二センチ五ミリ、日本産糞虫の中の最大種である。その名は、もちろん大黒様に全体の感じが似ていることによる。黒漆を全身に塗ったように黒くなめらかで、丸くずんぐりしている。そして頭部には、後方にそった見事な角《つの》が一本。

糞虫の中には、何故か容姿の優れた、蒐集家が夢中になるようなものが多いのである。

4

ギフチョウの卵

「葵の御紋が目に入らぬか」、と黄門様がテレビ時代劇のクライマックスで印籠を振りかざすことは誰でも知っているけれど、徳川家の紋所の、その図案のもとになった植物を実際に見たことのある人は、そんなに多くないかもしれない。

あのアオイは、ゼニアオイでもタチアオイでもなく、カンアオイという植物である。江戸時代にはこのカンアオイの栽培が大変流行したのだそうで、沢山の変種、品種が作られたというけれど、今ではそれほどでもない。何のヘンテツもないカンアオイをわざわざ鉢植えにしているのは虫屋ぐらいのものだろう。ギフチョウの幼虫に食わせるのだ。

春、山麓のギフチョウの産地――捕虫網を持った人がうろうろしているか

ら産地はすぐわかる——に行って、カンアオイの葉の裏を返してみると、ギフチョウの卵が産みつけられている。これがもう少し大きくて、しかもそのまま変質も何もしなければまさに真珠であるけれど、やがてうすく黄色味を帯び、中の方が黒ずんできたと思ったら、小さな毛虫が外に出てくる。その毛虫がカンアオイを食って大きくなるのである。蝶の幼虫はイモムシ、蛾の幼虫は毛虫、と一般的には考えられているけれど、ギフチョウの幼虫は見事な毛虫である。

しかしその前にこの美しい光沢のある卵をチュッチュッと、次々に吸って歩くダニがいる。いかにも醜いダニであって、こんな奴はいない方がいい、と誰しも考えるところだが、これがいなければ、数が殖えすぎて餌が足らず、ほかならぬギフチョウ自身が困るかもしれない。いわゆる「街のダニ」となるとどうだかわからないけれど、ダニもまた自然界の重要な一員なのである。

5 キボシカミキリ

昆虫は一般に優秀な触角《しょっかく》を持っているけれど、中でもカミキリムシはその代表格であると言えよう。

カミキリムシのことを英語ではロングホーンド・ビートルと言い、フランス語ではロンジコルヌと言っている。両方とも角の長い甲虫という意味である。彼らはこの虫が振りたてる長い触角に注目し、われわれ日本人はこの虫の嚙み切る能力に注目して名前を付けた。それは多分、西洋人たちが家畜を飼うことに慣れていて、頭のあたりに何かが生えているものを見るとすぐに角だと思い、またそれを生やしているもの、つまり、牛、山羊、羊、そして悪魔などを連想する習慣があったからではないかと思われる。

それに対して日本人の場合は、子供のときから虫とよく遊んできたから、つかまえてその強い腮をしげしげとながめ、髪やら紙やらを嚙み切らせてこんな名前を付けたのだろうと私は考えている。

実際に、日本には西洋世界よりも大型の、強いカミキリムシがたくさんいる。ミカンの木の害虫のゴマダラカミキリ、クヌギやクリの木の害虫のシロスジカミキリ、イチジクやクワにつくクワカミキリなどである。

このキボシカミキリは中ぐらいの種類だが、クワの木の立ち枯れたものに大発生することがある。だから、かつて養蚕がさかんであった地方の、棄てられ、忘れられたような昔のクワ畑に多いのである。

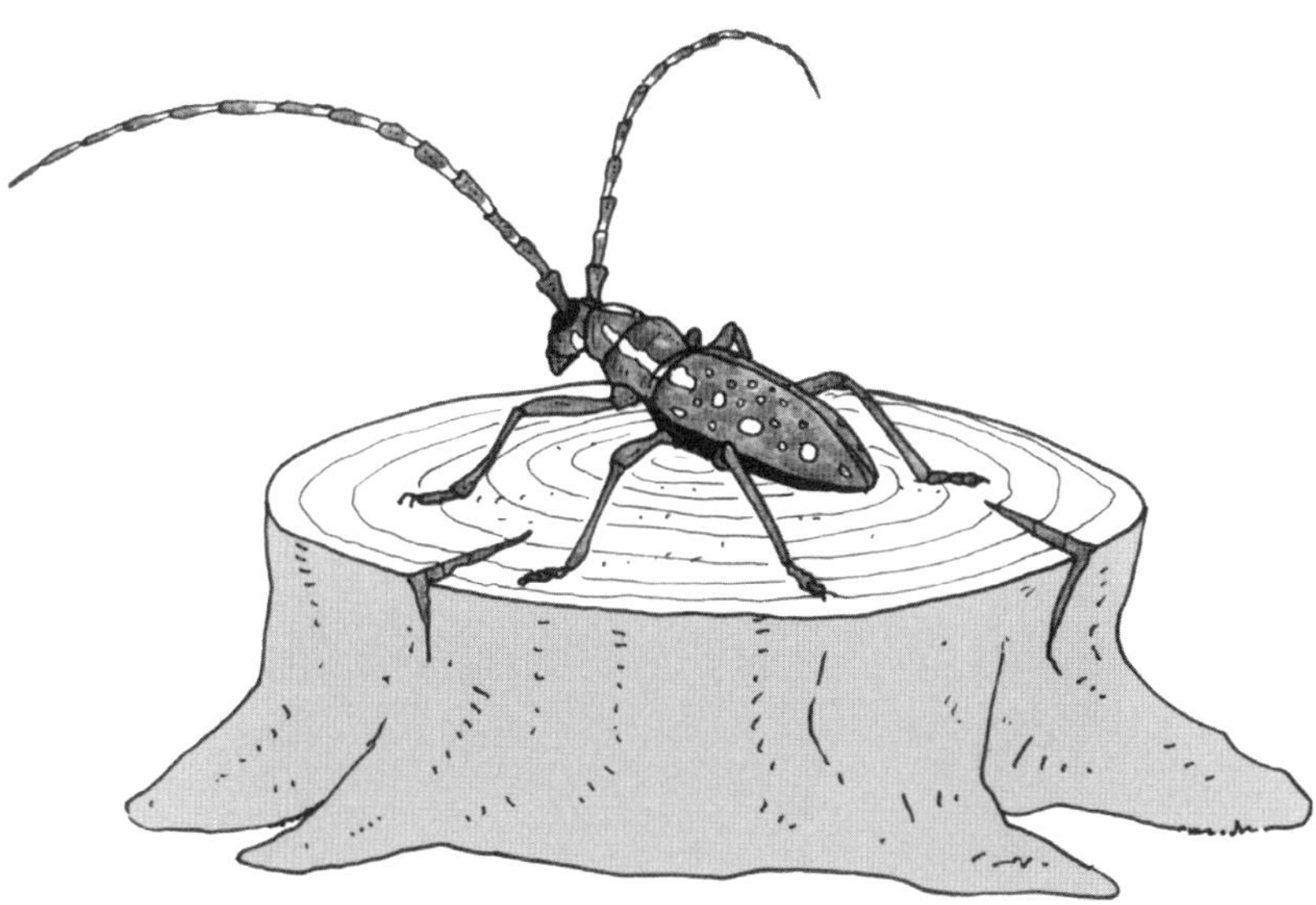

6

コオイムシ

コオイムシは、カメムシやウンカと同じくセミに近い昆虫である。口が針のように細長い管になっていて、吸うようにできている。ただしセミやウンカが植物の汁を吸うのに対し、コオイムシのほうは、水中の小さな魚やオタマジャクシなどの体液を吸うのである。

コオイムシの身体は、水中生活に見事に適応している。その点では同じくセミに近い昆虫の、タガメやタイコウチやミズカマキリ、マツモムシなどと同様である。水中を遊泳して、鋭く尖った前肢で獲物をがっきとつかまえ、血を吸ってぽいと捨てる。言わば水の中の追剥《おいはぎ》的存在であるけれど、その憎らしい奴がけなげな子育てをする。

五、六月ごろ、コオイムシの雌は雄の背中に卵をいっぱい産みつける。もちろん、雄の翅は開かなくなるから、水中から出て、誘蛾燈のもとへ勝手に飛んで行くこともできなくなってしまう。卵を産みつけた雌のほうはそのままどこかへ行くのである。

人間で言えば男の背に赤ちゃんをくくりつけて、さようならというところ。それからしばらく、雄は背中の卵を守って身を慎み、静かに暮らすことになる。だから子負い虫。江戸時代の虫譜などを見るとこの虫の名は「高野《こうや》聖《ひじり》」などとなっている。なるほど、この顔をよく見れば、笠をかぶった旅の僧のようにも見える。高野聖か子負い虫か。いずれの道をとるにしても男はつらいのである。

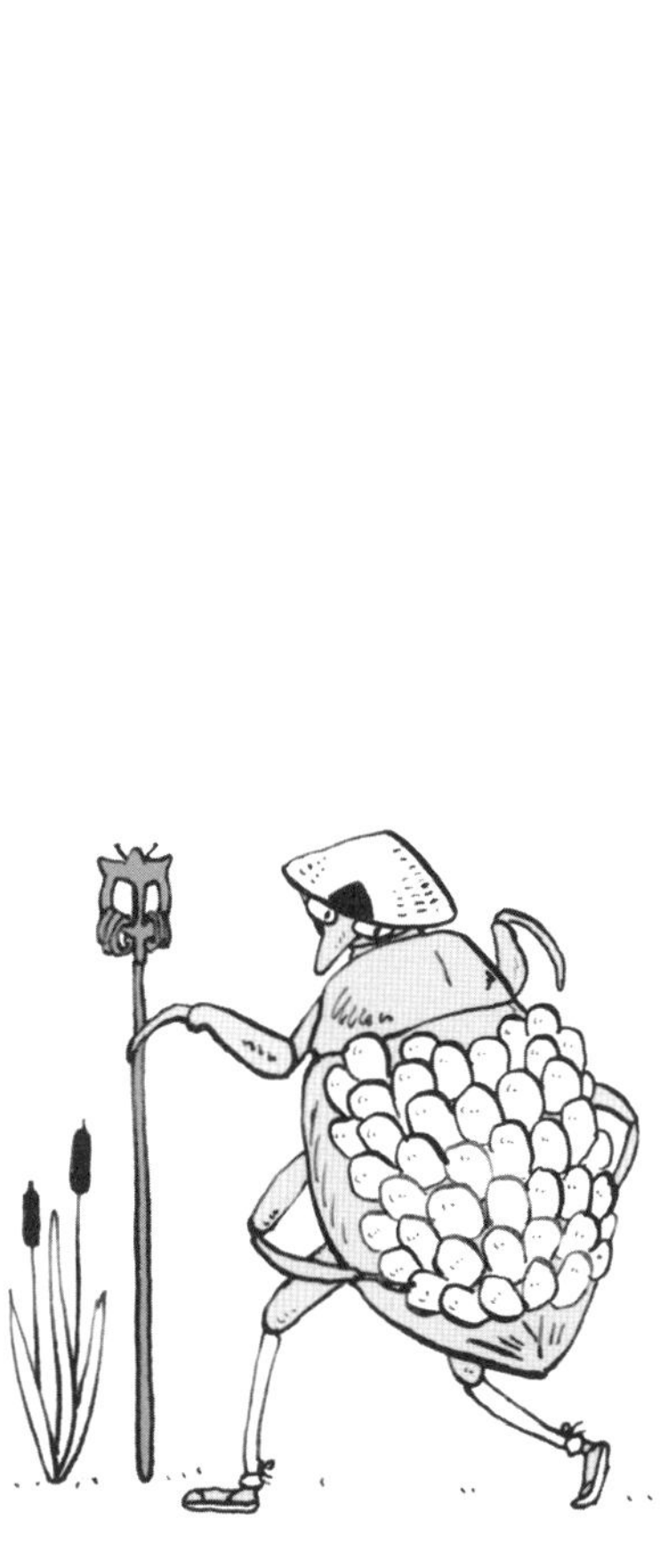

7 フタモンアシナガバチ

日本人は木と紙の家に住んでいる、と聞かされれば、たしかに、石の家に住んでいる西洋人は驚くであろう。

しかし、その日本人の家の中からも、障子や襖《ふすま》はだんだんなくなり、今や、合板と石膏ボードの家に住んでいるような次第になってしまった。

このアシナガバチの仲間は、大昔からずっと、木屑、藁屑を嚙んで練った、紙の家に住み続けている。

紙を発明したのは後漢の蔡倫《さいりん》という人で、紀元百年頃ということになっているけれど、蜂は何千万年という大昔に、軽くて風通しがよくて、適度な保湿力があり、しかも加工しやすい紙を発明していたことになる。

雨が降って巣の中に水がたまりそうになると、幼虫の世話をする働き蜂た

ちは、口で水を吸って、それを巣の外に排出する。

夏の高温期など、巣の中がむれて暑すぎるときには、その羽根を扇風機のように使って風を送ってやる。

また、忙しく狩りに出かけては、イモムシや、ときには蠅などを襲って、肉団子《ミートボール》を作り、幼虫のために運んでやる。じつにかいがいしいものである。

ところが、不猟続きで獲物が不足してくると、まるまる太った幼虫や、すでにマユを作っているサナギを、働き蜂がその個室からすぽんと引きぬく。それを、何ということか、引き裂いて肉団子にし、ほかの幼虫に分け与えるのであるという。まことに蜂や蟻は、われわれに、未来社会の恐怖小説をさえ連想させる。

8

ベッコウトンボ

「べっこう」といっても、何のことなのかもうだんだんピンとこなくなった。べっこうの眼鏡フレーム、べっこうの櫛《くし》、簪《かんざし》の上等を差していても、「えーっ、プラスチックじゃないの？」と言われるぐらいだから、がっかりするだけだろう。

「べっこう」は漢字で「鼈甲」と書く。南の海に住む亀の甲羅のことである。そのべっこう細工の原材料になる南海のウミガメそのものが減ってしまって、手に入りにくくなったようである。もちろん、鼈《べっ》、玳瑁《たいまい》などの文字もだんだん消えていく。第一、鼈の字など学校で習っていないから、筆順が分からない。

ベッコウトンボは翅の模様がべっこうに似ているからこう名付けられたが、

このトンボもべっこう同様、日本では数の少ないものになってしまった。本州でこのトンボが確実に見られるところは、静岡県磐田市の桶ヶ谷沼だけ、などと言われている。その桶ヶ谷沼が、ゴルフ場になることを免れて、保護されることになったのは、地元の人たちの努力のおかげであった。

ベッコウトンボが好むのは、平地や丘陵地の、挺水植物の茂った池や沼などであって、昔どこにでもあったそんな場所が、今の日本には珍しいものになってしまったのである。

このトンボの学名はリベルラ・アンゲリナというのだが、リベルラとはラテン語でトンボを意味する。蝶で言えばアゲハのパピリオと同じで、ベッコウトンボこそは、西洋人に言わせればもっとも基本的な、トンボの中のトンボなのである。

9 スカラベ

これがファーブルの研究したスカラベ、つまりタマオシコガネである。

ぎざぎざになった前肢や、頭のへりを使って、羊や牛の糞を、うまく球形に刳《く》り貫き、忙しそうにころころと、自分の気に入った静かな場所まで転がしていく。そのスピードはかなりのものである。

糞の塊りから、まずいいかげんに切り取ったものを転がしながら丸めてゆくのか、と誰でも考えるけれど、そうではない。実に見事に、糞の山から球形を切り出すのである。次には前肢を空手の手刀のように使って、こきざみにとんとんと、実に器用に糞球の表面をととのえてゆく。

古代エジプト人はこの虫の姿を見て、太陽を東から西に運んでゆく太陽神ラーの化身と考えた。だからこの虫は神聖なものとして、エジプトの文書の中にも表されているし、玉や貴石、あるいはみかげ石などにこの虫を彫ってミイラの副葬品にもしている。十八世紀の大博物学者カール・フォン・リンネはこの虫の一種に、スカラバエウス・サケール、つまり「聖《ひじり》玉押しコガネ」という名をつけた。

南仏の荒野で、実際にこの虫の働く姿を見たとき、私にはこれがほんとうに神聖な虫に見えた。この虫のためだけにフランスに渡ること四度、やっと生きたその姿を見ることができたのであった。

10 キバネツノトンボ

うちの近所の病院に、ちょっと変わったお医者さんがいる。熱が出て頭痛がし、はなみずが止まらないという患者が、椅子にすわって、「風邪を引きまして……」と言うと、「風邪だと誰が決めました？　あんたは医者ですか？」とカラむというのである。まったくおっしゃるとおり、素人がそんなことを勝手に断定してはいけないのであって、ひょっとして重大な病気かも知れないし、いらぬことを言い出すと誤診のもとにもなる。

それとは少し違うけれど、私などのところにも、ときたま見知らぬ人から、「新種の蝶をつかまえました」とか「新種の蜻蛉《トンボ》を……」という電話がかかってくることがある。

日本産のもので、新種の蝶や蜻蛉というと、大発見であって、裏庭でつか

まえたもののなかに、そう簡単に新種のいるわけがない。それこそ「新種と誰が決めました?」とカラんでみたいところであるけれど、面白いからゆっくりきいてみる。

「ツノのある蜻蛉なんです。蜻蛉にツノがあるなんて、前代未聞でしょう。破天荒《はてんこう》の新種じゃないですかな、これは」「翅は透明ですか?」「いいえ、黄色くて、体は黒です」「赤塚不二夫のマンガに出てくるケムシのケムンパスみたいな顔をしているでしょう……」

というわけで、新種の蜻蛉の正体が無事、キバネツノトンボと判明して、一件落着となる。

普通の蜻蛉の場合、触角は申し訳ていどに生えているだけであるが、この虫は蜻蛉よりウスバカゲロウの方に近く、幼虫はアリジゴクに似て、大腮の発達した恐い虫である。地上を走り、石の下やものかげにひそんでいて、獲物にパッと跳びかかってくわえてしまう。親の方もかなりのスピードで草地の上などを行ったり来たりして空中の虫を捕食する。親も子も肉食である。蜻蛉に姿は似ているけれど、水にはまったく縁がない。

11

ミドリゲンセイ

ファーブル『昆虫記』に登場する虫を撮影するために、南仏の農家に滞在していたときのこと。庭のマメ科の木に、突然ヨーロッパミドリゲンセイが大集団をつくった。農家の主が殺虫剤を散布してあっという間に駆除してしまったけれど、この虫は昔、南仏、スペインの重要な産物であり、輸出品であった。

ファーブルと並ぶ南仏の偉人、詩人のミストラルは『プロヴァンスの少女――ミレイユ』の中で、青年ヴァンサンにこう歌わせている。

やがてまた夏がきて、オリーヴの木が一面に房のような花で蔽《おお》われる。そのころになると、ぼくは真っ白い花の咲いた果樹園に行き、暑いさなかに、梣《とねりこ》の木に登って、胴体が緑に光る、においの強いカンタリードをつかまえる。それから、そいつを店へ売りに行くのさ……。（杉富士雄訳）

カンタリードというのが、このミドリゲンセイのことであって、体内にカンタリジンという激烈な毒物を含む。この虫を干したものを粉にして人に飲ませれば、消化器がただれにただれ、さらに腎臓にも吸収されて、七転八倒の苦しみののちに死んでしまうのである。

ところがこれをごく微量に服用すると、尿道を刺激して媚薬になる。スパニッシュ・フライという名で欧米で珍重されたのがこれであり、芫青《げんせい》、あるいは斑蝥《はんみょう》として漢方で用いられたのは、この近縁種である。

12

テントウムシ

大勢で群れ集まっているといいことでもあるのか、それとも各自がいい場所を、と探しているうちに自然に一か所に集まることになるのか、昆虫の中には集団で越冬するものがときどきいる。

ナミテントウというテントウムシの一種がそうやって集団を作ると面白いことになる。つまり、同一の種でも、斑紋がさまざまに異なり、しかもそれが遺伝的な型を代表しているのである。ナミテントウは紅型、二紋型、四紋型、斑紋型、そのほか、と細かく数えれば全部で五十以上もの型に分けられるそうである。

それは別として、テントウムシは欧米でもっとも愛される虫の一つで、「マリア様の虫」とか「神様の虫」とか呼ばれている。指に止まらせればこの虫

が上へ上へと登って行き、指先から飛び立つその習性によって、天上と結びつけられているらしい。姿は愛らしいが、これはアリマキをもりもり食べる肉食の虫である。フランスには若い女性がテントウムシを指先に止まらせて、

テントウムシ、テントウムシ、教えてよ
私が行くのはどこなのか、お嫁に行くのはいつなのか

と、となえる、一種の占いがあったという。もし虫が若い男のほうに飛んで行ったら、それは彼女が間もなく結婚するしるしであり、もし教会のほうに飛んで行ったら、まわりにいる皆がその娘に「尼さんになるんだ！」と叫ぶのであったという。

もう少し信心深いのでは、テントウムシをつかまえたとき、それを木の皮に掴《つか》まらせたり飛ばせてやったりすると、虫は天に昇って行って天国に席を予約しておいてくれる、というのがある。いずれも二十世紀の初頭までの伝承で、今では田舎の老人でさえあまり知らないことかもしれない。

13

アメンボ

ドジョウをすくうにはザルを使うのが一番である。と言っても、出雲名物、安来節の話ではなくて、子供のときにやった本当のドジョウすくいの話なのだが、そのとき、ザルではどうしてもすくえないものがいた。ミズスマシとアメンボである。

両方とも泳ぐのが速く、人の気配にも敏感で、そうっと近よって、さっとすくう、というわけにはいかない。だから、こういう虫を取るときは柄のついた網——タマといった——を使うのがよかった。ねらいすまして、網をジャボンと、ぶつけるように虫の上にかぶせるのである。それでも何回かすくって、やっと一回成功、という具合だった。

「取れたかな」と網の中をのぞくと、さっき水面を飛ぶように走っていたものとは似ても似つかぬ、細い、小さな虫が、ピンピンと跳ねている。アメンボは、大きく広げているあの肢をたたむと、本体は意外に貧弱な虫なのである。指でつまんでみると、つんと何かの匂いがする。アメの匂いと言われればたしかにそうで、だからアメンボというのだと納得する。この虫は、あの臭いカメムシに近い虫なのである。

カメムシの中にはサシガメといって、ほかの虫の血を吸うものがいるけれど、アメンボも水面に落ちてもがいている虫にさーっと近づいてやっつけてしまう。小さな虫にとって、これは恐ろしい奴である。肢の先には細かい毛が生えており、そこから油を出すらしく、水の上を自由自在に歩きまわる。忍法ミズグモの元祖である。

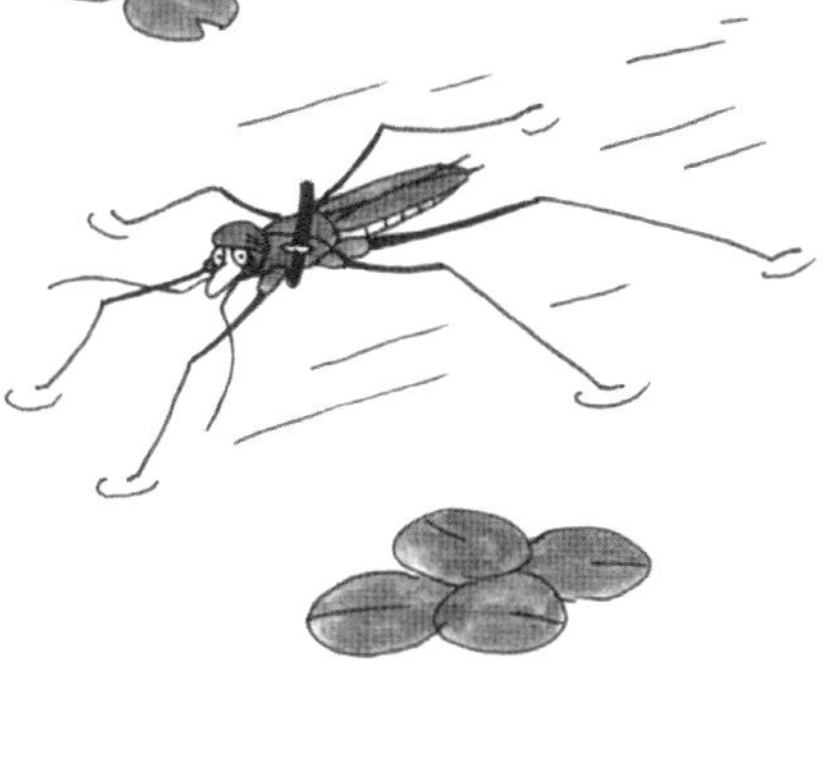

14

ヒメギフチョウ

ヒメギフチョウは嫉妬深い蝶である。交尾後、雄は雌の腹部に接着剤のようなものを塗りつけ、それが乾くと合成樹脂製のカヴァーが出来あがって雌の腹を覆ってしまう。これを学者は受胎嚢とよんでいるけれど、要するに貞操帯なのであって、昔の西洋人が、本当に実行したのかどうかはともかく、想像したようなことを雄の蝶がテキパキやってのけるのである。

　こうやって雄の蝶が自分の子孫だけを雌に産ませようと考えているならば、それは立派な嫉妬心ということになる。フランス十七世紀の皮肉な人物、ラ・ロシュフーコーは『箴言《しんげん》と省察』の中でこう言っている。

　　嫉妬は、本当に我々のものであるか、または我々が自分のものと思い

込んでいる、或る一つの財産を保持することだけに気をつけているので、或る意味では正しくもあり、道理にかなったものでもある。ところで羨望は、他人の財産をだまって見ていることのできない、激しい情熱である。

自分の土地、自分の地位、自分の女（男）に他人が手を出そうとしたときに、こちらの心に嫉妬心が生まれるというわけである。ヒメギフチョウの雄なら「自分の雌」、というところ。蝶も蜻蛉も、羨望の方までも実は持ち合わせているのである。というのは、一組の雌雄が交尾しているところに、ほかから雄がかまいにきてうるさく飛びまわり、蜻蛉の場合など、ついには三重連などという珍現象が起きることもある。

受胎嚢をつくるのは、ギフチョウやウスバシロチョウの仲間など、比較的原始的なアゲハの類に限られているようで、それより新しい、あるいは高等な蝶はそんなものをつけないばかりか、雌が何度も交尾するらしい。

15

ムカシトンボ

日本の古名の一つに、「アキツシマヤマト」というのがある。このアキツというのは、つまりトンボのことなのだが、その名のとおり、日本にはトンボの種類が多い。そして昔はその個体数も多かった。

ムカシトンボは、体を見ると、普通のトンボ、とくにサナエトンボのようだけれど、翅の付け根のところが細くなっていて、まるでイトトンボの翅のようである。

分類上トンボは、普通のトンボやヤンマの仲間（不均翅亜目《ふきんしあもく》）とイトトンボ（均翅亜目）に分けられるが、ムカシトンボはそのどちらにも属さない。これは太古の姿をとどめる、きわめて特異な種類なのである。だからムカシトンボという、ゆかしい、いい名前がつけられた。

ムカシトンボは、日本の北海道から四国、九州にまで分布するけれど、この仲間はそのほかにヒマラヤにもう一種、ヒマラヤムカシトンボというのを産するだけである。つまり、全世界にたった二種類いて、その二種でムカシトンボ亜目というのを構成する。と、長い間信じられてきたが、最近では、これは二種ではなく、同種だと言われている。

幼虫は渓流に育ち、成虫になるまでに七、八年もかかる。

成虫の出現するのは五月と六月。ぼんやり見ている人は気がつかないかもしれない、あまり目立たないトンボだが、これこそは、わがアキツシマヤマトの誇る貴重な生きた化石、日本の渓流の精なのである。

16 ミヤマカラスアゲハ

ミヤマカラスアゲハ、ミヤマシロチョウ、ミヤマクワガタなど、虫の中には「ミヤマ」と付くものがいろいろある。

「ミヤマ」は漢字では「深山」と書く。つまり、木が茂った深い山である。深山の反対は外山《とやま》。これは人里に近い山を言う。たとえば炭や薪を採る裏山の雑木林は外山である。今は里山と言うようになった。

ところで、ミヤマクワガタはどんなところにいるかというと、奥深い山よりも、人里近くのクヌギ林にいる。だから、ミヤマクワガタでなくて、トヤマクワガタが本当である、という理屈が成り立つけれど、こんなところで理屈を言っても、今さらどうしようもあるまい。

それに反してミヤマシロチョウは高山蝶であり、ミヤマカラスアゲハも、ふつうのカラスアゲハに比べれば、より標高の高い、あるいは寒いところに産する。だから、両方とも、「深山」の名がふさわしいと言えるであろう。

この蝶の世界的な分布をみると、国外では、朝鮮半島、旧満州、アムール、サハリンなど、極東の蝶であることがわかる。だから、西洋人のコレクターにとって、カラスアゲハやこの蝶は、なじみのない、エキゾチックな蝶なのである。あちらの子どもに蝶の絵を描かせても、決して黒いアゲハは描かない。

春、夏の二回出現し、春型はより美しく、夏型はより大きい。北方の蝶であるはずなのに、屋久島や種子島にも産し、しかも平地や海岸地帯を飛ぶ。そうしてこんな暖地産の夏型は、目を見張るほど巨大である。

17

クジャクチョウ

北海道で虫を採って育った人などはどうかしらないけれど、私のように関西育ちの者にとって、クジャクチョウは長いあいだ憧れの蝶であった。乗鞍岳の標高千数百メートルほどの湿地で、目の前にふっと、生きているこの蝶が止まったときの感動は今でも忘れられない。標本では見なれていたけれど、生きているときはこんなに鮮やかな赤い色をしているのかと驚いた。

そういえばヒョウモンチョウの仲間なども、標本はキツネ色であるけれど、飛んでいるところは赤さが目立ち、一瞬「何蝶だろう?」と、とまどうことがある。

クジャクという名はもちろん、翅の表に現れた、クジャクの羽根のような眼紋に由来する。欧米でもやはり「ピーコック」とよばれている。というより、和名はあちらの名前を訳したものであろう。江戸時代の虫譜に何と出ているかと考えてみても、その例を想いつかない。

学名は「イナキス・イオ」という。イオはゼウスに愛され、その妻ヘラの眼をのがれるために白いメウシに化された少女である。日本産のクジャクチョウはヨーロッパ産のものとは少し異なっているので、別亜種として「イナキス・イオ・ゲイシャ」と名づけられている。

「ゲイシャ」はもちろん「芸者」である。タテハチョウの中には「サムライ」という亜種名を持つものもいるし、シジミチョウの中には「ダイミョウ」もいる。芸者も武士も大名も、もちろん、そのイメージさえ亡びてしまったが——。

18

サシガメ

冬の初め、これから冬ごもりという季節になって、しばらく閉ざされていた山小屋の窓をあけると、隙間のせまいところにいろいろな昆虫がじっとひそんでいたりする。ふつうは、はがれかけた樹皮の下などにもぐりこんで冬を越すのだが、人間の作ったものも、なかなか具合がいいらしい。

そういう虫の中には、テントウムシやゾウムシのなかまの甲虫も多いけれど、一番多いのはカメムシのなかまである。サシガメは、そんなカメムシのうちでも、ひときわ目立つ大型の種で、夏の夜など、灯火に飛来し、うっかり触ると、指先をチクリと刺す。

刺されると痛く、しかもあとがむずがゆく脹れてくる。だから害虫と言えば害虫かもしれないけれど、これは、ほかの虫をつかまえて体液を吸う肉食昆虫で、畑の害虫を捕食するから、本来は益虫なのである。

皇居前の広場などでよく見かける光景だが、手入れのいきとどいた松の樹に、ワラの腹巻きがしてあることがある。あれは、松の樹の腹が冷える、と心配してのことではない。冬のあいださまざまな虫たちが、これさいわいともぐり込んだのを、春になる前にワラごと剥がして焼き捨てる、一種の罠なのである。

マツカレハの幼虫のケムシなどが、あの腹巻きの中にもぐり込むから、害虫駆除の有効な手段になる。しかし、この方法ではそのケムシの汁を吸って退治するサシガメのほうも一緒に焼いてしまうことになる。つまり、人間は、敵と一緒に味方の虫まで殺しているのである。

19

アゲハヒメバチ

チョウに卵を産ませることは、場合によってはきわめて簡単である。野外でつかまえてきた雌のチョウは、ほとんどみな交尾済みであるから、それを、幼虫の食べる植物（食草という）と一緒に、ビニール袋にいれておくだけでよいのである。

もちろん、ときどき餌をやる。脱脂綿に、砂糖水やハチミツを水で薄くのばしたものをふくませ、くるりとぜんまいのように巻いているチョウの口を爪楊枝などでのばしてやると、自分でどんどん吸いはじめる。

そうやって置いておくと、しばらくして卵を産みはじめる。もちろん弱っていたり、種類によっては気難しくて産まないこともあるけれど、うまくいけば、百も二百も産んでくれるのである。「これがみんな成虫になったらす

ごいぞ」と初めは誰でもホクホクしたり、「餌が足りるか」と心配したりするけれど、心配御無用。卵がかえらなかったり、せっかくかえった幼虫が、なぜか小さいうちに元気がなくなって死んでしまうことが結構多い。

野外では、鳥に食われたり、アシナガバチの肉団子にされたりして、さらにたくさんのものが死んでいく。結局育つのは、数匹というところらしい。ずいぶん生存率が低いようだが、それでよいのである。でなければ、あたり一面、チョウだらけになってしまう。

そして、チョウの数をコントロールするのに、もっとも大きな働きをしているのが、小さな寄生バチのなかまで、チョウの幼虫さえいれば、必ずかぎつけてやってきて、体の中に卵を産みつける。ハチの幼虫は、チョウの幼虫やサナギを中から食べ、やがて穴をあけて出てくる、という仕組みである。

20

オサムシ

歩行虫と書いてオサムシと読む。地面を歩いてばかりいる虫だからである。ところがこのカタビロオサムシの仲間は、べつにおだてられたわけではないけれど、オサムシのくせに木に登る。木の上にいて毛虫を鋭い牙でむさぼり食うのである。

有名なものでは、ニジカタビロオサムシ（虹肩広歩行虫、図）といって、その名のとおり、背中が紅色に輝いている美麗種がある。南フランスの、石ころだらけの荒れ地で私はその虫を見たことがある。

太陽に照りつけられて乾燥し、トゲのある草と、木らしい木と言えば、ツゲやヒイラギガシなどというコナラの類が茂るだけの土地である。

立て札が立っているから近づいて読むと、「死の危険」とまず書いてある。

そうして「射撃演習中の通行禁止」とあるから、ここは兵隊さんが鉄砲を撃つ練習をするところなのである。空の赤い莢《さや》があちらこちらに落ちている。演習のない時はヒツジ飼いがヒツジを放牧し、平気で出入りしている。今日は誰もいないらしい、と思いきって入らせてもらう。赤茶けて葉のないヒイラギガシをよく見ると、マイマイガの毛虫が大発生して、木を丸坊主にしたのであった。

見わたすかぎりのヒイラギガシが、どれもこれも裸になっている。ものすごい数の毛虫である。食べるものがなくなって地面をモクモクと歩いているのがいっぱいいる。すごいなあ、いったいどのくらいいるんだろうと見まわすと、その地面に変な黒いものが落ちている。よく見るとニジカタビロオサムシの翅鞘《ししょう》を砕いて固めたものであった。フクロウが夜、このオサムシを大量に食べ、不消化な翅鞘だけを吐きだしたものらしい。ヒイラギガシ、毛虫、オサムシ、フクロウと、植物、昆虫、鳥のあいだに食物連鎖の関係が成立しているのがよく解った。

21

モンキアゲハ

秋に旅行をして汽車に乗ると、窓の外を眺めるのが楽しみである。田圃《たんぼ》のあぜ道に沿って、ヒガンバナがまっすぐ、真っ赤に咲いているのが見られるからである。

秋の寂しさは子供にも感じられる。ときおり吹く風が涼しくなり、アカトンボが干した藁に止まり、そうしてヒガンバナが咲く。何ということもなく、摘みとれるだけこの花を摘んで、それこそ子供の手にいっぱいかかえて家に帰ったら、毒だからといって捨てさせられた。

毒は花にあるわけではないだろうと思う。その証拠にアゲハチョウの仲間がさかんにこの花を訪れる。アゲハ、クロアゲハ、キアゲハ、モンキアゲハ、そして山地ではオナガアゲハ。長い口吻《こうふん》を伸ばして、たくみに羽ばたきなががら蜜を吸う。漆黒で大型のモンキアゲハがこの赤い花に来たところは、とりわけ見事である。漢字で書けば紋黄揚羽あるいは紋黄鳳蝶だが、この蝶が生きて飛んでいるとき、その紋はむしろ白く見える。紋が黄色く変色するのは、標本にして日が少し経ってからである。

彼岸花あるいは、曼珠沙華というその名といい、群がって田舎の道を真っ赤に染めるその咲き方といい、この花はどうしても来世のことを連想させる。父の病気が重く、なかなか熱が下がらなかったとき、近所の老婆に教えられて、この球根をすりつぶして足の裏に貼ったことを思い出す。不思議なことに、熱がいっぺんに下がったのだった。

22
寄生バチ

植物の新芽が出るころ、どこからこんなに、と思うほどの数のアリマキが出現して、柔らかい茎に細い針のような口吻を刺し込み、汁を吸う。

するとそこへ、茶色に黒の縞模様の小さなアブがやってきて、横の葉っぱに止まったり、まわりを飛びまわったりしている。このアブの名はヒラタアブという。こうして卵を産みつけているのである。その卵からかえったアブの幼虫はアリマキを食べて大きくなる。

アリマキは増えて増えて困るほど繁殖力の盛んな虫であるけれど、このヒラタアブやテントウムシがやってきてむしゃむしゃ食べるから、何とか数が抑えられ、植物が枯れて全滅することを免れている。アリマキにとってヒラタアブは天敵であり、同時にまた恩人でもある。

では、ヒラタアブはアリマキさえいればいくらでも増えるか、と言えばそうではなくて、ヒラタアブを専門にやっつける寄生バチがちゃんといるのである。

同様に、アリマキを狙う寄生バチもいる。ほとんどすべての昆虫に、こうした寄生バチが存在し、卵や幼虫、サナギに寄生して中身を食べるから、昆虫は増えすぎて自滅することを免れているのである。

天敵と共に暮らすことは生物の宿命である。天敵を自らの手で亡ぼす、というのは自然界のルール違反であって、そんな恐ろしいことをしでかしたものはいない。人間のほかには。

23

マイマイカブリ

フランス人はカタツムリを食べる。バターと、ニンニクやパセリを細かくきざんだものを殻に詰めてオーヴンで焼く。

しかし本当の通は、やはり生で賞味する、とこの虫が言うかどうかは知らないが、マイマイカブリの大好物は、カタツムリ、つまり東京の子供などが言うマイマイツブロである。

幼虫も成虫も、カタツムリが防衛のために出す粘液をものともせず、殻の中に頭を突っ込んで、むさぼり食らう。それがまるで、マイマイのカラを頭からかぶっているように見えるところから、この名がつけられたらしい。

とにかくカタツムリのカラの奥の方まで首を突っ込めるよう、頭も首も、すらりと細長くなっているのであるから、並たいていのカタツムリ好きではない。先祖代々の大好物なのである。もちろん、ほかのものも食べるけれど、林の下などを長い足でせかせかと歩きまわってカタツムリを探している。歩いてばかりで飛ぶ必要もなくなったから、後翅《こうし》、つまり硬い鞘翅《さやばね》の下の薄い翅は退化して無くなってしまっている。それどころか、前翅さえ、左右が癒《ゆ》着《ちゃく》して開かなくなっているのである。

マイマイカブリは北海道から九州まで日本全土に分布するが、日本以外には、世界のどこにも産しない。日本特産の昆虫である。だから外国のコレクターが昔からひどく欲しがった、日本を代表する昆虫の一つなのである。

24

オオハサミムシ

友人が伊豆の山奥に小さな山荘を造った。いま流行《はや》りのログハウスのような洒落《しゃれ》たものではなくて、ごく普通の家なのだが、気密性のよいアルミサッシの窓のはずなのに、どこから入りこむのか、家の中に虫が侵入する。中でも多いのがハサミムシだそうである。

こげ茶色でつやつやしているから、ゴキブリと間違う人もいるであろう。しかし、尾端のハサミを見ればその違いはすぐにわかる。動きはゴキブリほど速くはなく、スリッパなどで叩かなくても、割箸かピンセットですぐにつかまる。

家の外では、畑のそばの石の下などに潜んでいることが多い。よく見ると腹の下に白い卵や幼虫を抱いていることもある。ハサミムシは、昆虫には珍

しく、母親が卵や子どもの世話をするのである。

ガラスのシャーレに砂を入れ、適当な植木鉢のカケラなどを屋根がわりに置いてやると、その下でせっせと子育てをする。母親はずいぶんまめに卵をあちこち置きかえたりするのである。恐らくはカビの菌糸などが生えそうになると、なめて取り去るのであろう。ほかの虫が卵に近づけば、もちろん追い払う。

飼っていればどんな虫でも愛着が湧くもので、卵がかえってこの世に生まれてきた、小さなハサミムシの幼虫が、一週間ほど経って母親のもとを離れる頃、畑の方に移してやりながら思わず、「頑張れよ」と、何とも平凡な言葉をかけたりするのである。

ハサミムシの専門家は世界中に十二人と聞いたことがあるけれど、そのうちのお二人と、私は面識があった。ひとりは酒井先生、もうひとりはパリの「国立自然史博物館」のコーサネル先生であった。お二人とも今はもう亡い。お二人に共通するのは声が大きく雄弁だ、ということであった。ハサミムシのような地味な虫を相手にしているとそうなるのかどうか、よく知らない。

25

チャバネハチモドキギス

アメ色の翅をした大きなハチが、同じ色の触角をピリピリとふるわせながら、葉っぱの上で、しきりに何かを探すようなそぶりをしているのを見かけることがある。

あるいはまたこのハチが、さかさまにひっくり返ったクモの肢をくわえて地上を引いていくのを見かけることがある。これはベッコウバチと言って、クモを狩《と》るハチなのである。

チョウでもハチでも、ふつうはクモの獲物になるのだが、このハチだけはクモを恐れず、逆にクモをつかまえて針で刺し、麻酔させて幼虫の餌にしてしまう。

南米にはタランチュラ（トリクイグモ）と言って、大人の掌《てのひら》ぐらいもあるクモがいるけれど、同様に大きいキョジンベッコウバチというのもいて、そのクモの天敵になっている。

ところで、図示のこのハチは、よく見ると、後ろ肢が異様に長くなっている。おやと思ってなおも目を凝らすと、何と、ハチではなく、キリギリスの仲間ではないか。

それにしてもよく似ている。翅の色も触角の色も、そしてその他の部分の彩《いろど》りも、おまけに動作も、ベッコウバチにそっくり。

どうしてこんなことが可能になったのかはわからないけれど、なるほど、この姿でいればハチを怖がる鳥や獣や、そしてクモの仲間に襲われなくてすむであろう。これこそハチの威を借るキリギリス、というところ、擬態《ぎたい》の傑作である。しかし、これを絵に描くことは難しい。

26

ミドリシタバチ

全身金緑色の、まさに金属でできたようなこのハチのなかまは、ミドリシタバチとか、エメラルドシタバチとよばれている。口の部分が長く伸びて、長い舌のように見えるからである。中南米には特にこういうメタリックで、キンキラキンの昆虫がたくさん棲んでいる。こうした華やかな色彩は、おそらく、この地方の強烈な太陽光線によって生み出されたものなのであろう。

ミドリシタバチの雄は、ある種のランの花にひきつけられる。ランの花には蜜がないのに、どうやってハチをよぶのかと言えば、実は、麻薬のような作用を持つ匂いをこの花は発散させているのである。ハチの雄は陶然としながら、ランの花の、その匂いのする部分をいっしょうけんめい前肢《まえあし》でかき取っている。それを体内に集めて変化させ、雌をひきつける物質にするのである。

中南米に住む人々の中には、古代から麻薬を用いる者が多いらしいけれど、そういう人間とはちがって、ただ自分一人が酔うだけでなく、その成分を体内で媚薬《びやく》に変化せしめるとなると、とうてい人間のおよぶところではない。しかもそのすべてが、蜜もないのに虫をよびよせて花粉の媒介をやらせようという、ランの花の陰謀に始まったことなのであるから恐れ入る。

人間もなかなかしたたかで、ランの花のこの匂いを人工的に作り出し、ハチをだまして実験に使っている。しかし人間の「愛の妙薬（エリクシール・ダムール）」が合成できたら、やはり他人には秘密にしておいたほうが、いいだろう。

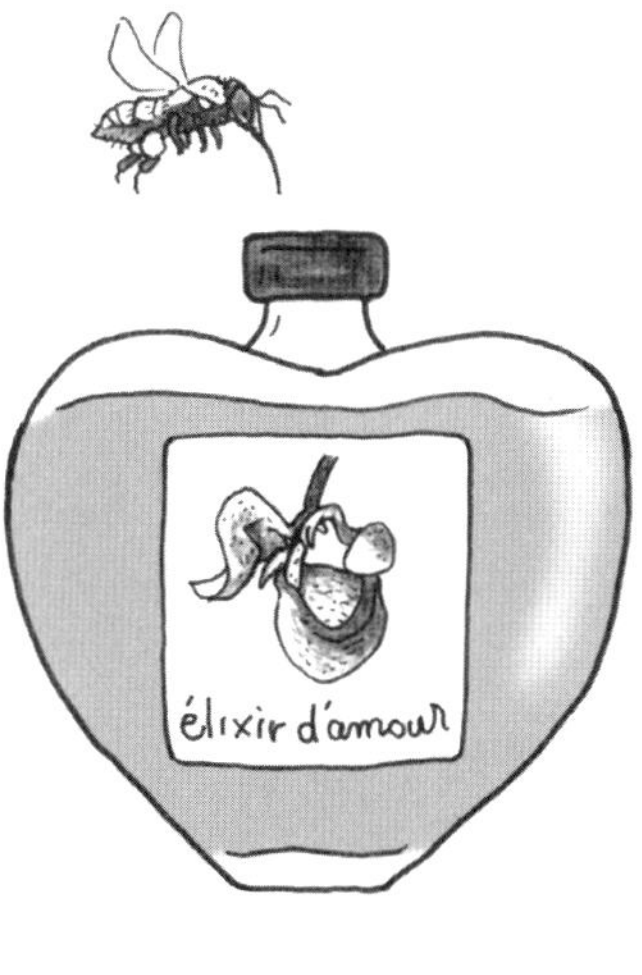

27

ジガバチ

この腰の細い蜂はジガバチという。

蜂は土の中に穴を掘ると、どこからかアオムシ（イモムシ）を運んできて穴の中に入れ、念入りにまた小石と土とでふさいでしまう。

やがてその巣穴の中から若い蜂が生まれ出てくることになる。

この蜂のすることを、昔の中国人も日本人もよく見ていた。そうして、親蜂の埋めたイモムシが、土の中で変化して親と同じ蜂になるものと考えた。なにしろ「雀《すずめ》海中に入って蛤《はまぐり》となる」「山芋変じて鰻《うなぎ》となる」などと信じられていた時代のことである。今ではこういう「自然発生説」は完全に否定されているが、その名残は「虫が湧く」などという表現に残っている。そしてその自然発生説を実験によって否定したのはフランスの化学者、ルイ・パストゥールである。

蜂は土を掘りながら、ときおり羽根でジジジジという音をたてる。その音に「似我似我」と字をあてて、蜂がイモムシに「我ニ似ヨ、我ニ似ヨ」と呪文をかけていると昔の人は説明した。昔は蜂までが漢文調であった。

江戸時代の本草学者、栗本丹洲の著した『千虫譜』にもこの蜂の生態は描かれていて、蜂が獲物を食糧とする、と丹洲は正しく述べているけれど、蜂が獲物の神経節を針で刺して麻痺させ、生きたまま動けなくして幼虫の餌とするという、生態の全容を解明するまでにはいたらなかったようだ。この蜂の腰が異様に細いのは、ぐいと腹を曲げてイモムシの腹部の、ことというツボを刺すためなのである。

こういう蜂の全生活を知るためには、やはり、ファーブルのように、自分自身の全生活を虫のために捧げることが必要だったのである。

28

お菊虫

正岡子規は黒い大きなアゲハのことを「山女郎《やまじょろう》」と呼んでいる。古い名である。東京の、上野の山に近い根岸の里の病床にあって、末期結核の彼は、寝たきりのままで目に入るものをあれこれと言葉で描写し、またスケッチをしているけれど、庭に山女郎の飛来するところがその中に出てくる。それがクロアゲハかカラスアゲハか、ジャコウアゲハか、あるいはまたオナガアゲハか、その記述からははっきり解らないけれど、とにかく黒いアゲハで、長い尾状突起（あるいは尻尾）をひらひらと振りながら飛ぶのが山女郎なのである。ゆるやかな飛翔の様《さま》には、さながら若い女の、袖をひきずらんばかりになよなよと歩く風情があるというのが命名の由来であろう。

戦後に出たある図鑑ではこの山女郎という名を特にジャコウアゲハの別名

としていた。ジャコウアゲハのジャコウは香料の麝香《じゃこう》である。この蝶の仲間は、幼虫時代にウマノスズクサの類を食べるけれど、この植物には、鳥などの嫌う毒の物質が含まれている。だから、その毒物を身体に含んでいるジャコウアゲハの類は、親にも子にも特有のにおいがあって、鳥に食べられない、というわけである。

毒があって自信があるからか、幼虫は非常に派手な紋様をしており、蛹《さなぎ》はまた、お菊虫と呼ばれる。「播州お菊の皿屋敷」の話にあるように、大切な皿を割ったために責め殺されたお菊という女中の皿をかぞえる声が、夜な夜な、「いちまーい、にまーい……」と古井戸の底から聞こえてくる。その古井戸のまわりにおびただしく現れたのがこのお菊虫ということになっている。井戸の付近にウマノスズクサが自生していたのであろうけれど、この虫は、まるでお菊が後ろ手に縛られて、苦しさに身悶《みもだえ》している姿を写したもののようである。姫路のお菊神社などではこれを売っていたという。蠅帳《はいちょう》にでも入れておけば、翌年の春、春型の、美しいけれど鳥も食わないヤマジョロウになって飛び立ったはずである。

29 ゴミムシ

大都市から出るゴミの量はまさに膨大なものである。人間が大勢集まって住むとゴミが出るのはあたりまえだが、今のわれわれはゴミを出しすぎる。しかもその中には、自然界にもともと存在しなかった、いつまでたっても消えない妙なゴミが大量に含まれている。

人間がこんなに増える前の地球上は、それこそゴミ一つ落ちていないきれいなところであっただろう。そのころから、しかし、このゴミムシのなかまは繁栄していた。河原の石の下や倒木の下などに昼間はひそんでいて、夜になると這い出し、地表をチョコチョコと歩いて餌をあさる。たいていの種類が肉食で、虫の死骸などを片づけてしまう。だからゴミムシというのは、ほんとうは正確ではなくて、ゴミソウジムシなのである。

体長一、二センチの小さな甲虫のなかまであるが、これでもれっきとしたオサムシ科である。

虫眼鏡で大きく拡大し、その姿を仔細に見れば、肢なども繊細にできているし、頭や胸は上品な虹色に輝いている。このなかまをたくさん集め、肢や触角の形を整えてきちんと標本にして並べると、実にセンスのよいコレクションができあがる。

黒漆のような色調を持つもの、緑や赤銅がかった虹色に輝くもの、背中に洒落た紋様を持つもの、首の細いもの、太いもの、肩のいかったもの、牙の発達したもの、と、姿形もさまざまで、このなかまの研究だけでも、人は一生楽しむことができるのである。

30

ミイロタテハ

ジャングルの中に小道を切り拓き、その両側に沿って四〜五メートルおきにトラップ（罠）が仕掛けてある。そんな道が五百〜六百メートルも続いているのである。

トラップはごく簡単なもので、バナナを皮ごとブツ切りにしてサトウキビの汁に漬け、そこに、やはりサトウキビから造ったピンガと呼ばれる焼酎をどぼどぼと入れ、さらに砂糖をひと摑みほうり込む。これを一晩寝かせたものを、ヤシの葉の軸を竹ヒゴのように切ったものに刺して地面に立ててあるだけ。

これがしかし絶大な効果を発揮するのである。すなわち、ジャングルの中に棲む蝶、甲虫が朝から晩まで自分の好きな時間帯に、かわるがわるこの発酵した酒くさいバナナをちゅーちゅー吸いにやって来る。

採集者は一日に何べんかこの道を見まわって次々に採っていく。まことに楽な採集法で、この方法が完成してから、昔はめったに採れなかった珍蝶ミイロタテハ（アグリアス）の仲間がどんどん得られるようになった。そんなことをしたら採り過ぎて、虫がいなくなる、と心配する人が多いのだが、原生林を伐らないかぎり虫の数は減らない、と現地の人は言う。ただしその原生林のほうはどんどん伐って、畑にしている。

見ていると青くメタリックに輝くモルフォチョウや、青い帯を持ったタテハチョウの仲間のプレポナ、そして赤、青、黒のアグリアスが飛んで来る。

現地の人の話では、なんと、この採集法を工夫し、完成させたのは、日本人だということであった。

31

クロオオアリ

ある大学で私の同僚だったイギリス人の英文学の先生が、あるときしみじみと言った。

「日本に来ると、アリまでが大きい」

どういうつもりで彼がそう言ったのか、その気持ちはよくわからないけれど、北国のイギリスなどに比べて日本に虫が多く、しかも大型のものが多いことは確かである。

イギリスの森に行くと、亭々とそびえるオークなどがあっても、その葉がまったく虫に食われていなかったりする。幹をいそがしく登り降りするアリの数も多くない。スコットランドの荒地などになるとアリさえいない。ただ芝生がどこまでも続くだけ。まったく、ゴルフなどは、ああいう国に行ってやればよいのである。

それはともかく、「アリまで大きい……」という、そのイギリス人の言葉を聞いて私がすぐに想い浮かべたのは、このクロオオアリである。しかし日本産のアリがどれもこれもこんなに大きいわけではない。これは日本のアリの中でも、もっとも大きい方である。

小学校の体操の時間、病気で「見学」の私が松の根元にしゃがんでいると、このクロオオアリがうろうろと歩いていた。ただ見ているだけではつまらないから、つかまえて掌を這わせる。ほかの小型のアリとけんかをさせる。爪で首をちょん切る。グラウンドのむこうで体操の先生が、「ピリピリピリー」と笛を吹く。

アリを触ったあとは、指にツンと、蟻酸の匂いが残るのであった。

32

カゲロウ

カゲロウのことを英語ではメイフライと言っている。カゲロウの成虫が発生するのは何も五月に限ったことではないけれど、初夏の夕方など、弱々しい透明の翅をしたこの虫が、川面を、それこそ嫋嫋《じょうじょう》と飛ぶところは何だか甘美な夢のようで、瀕死の妖精の姿を見ているような気がする。

カゲロウがメイフライ、蜻蛉がドラゴンフライ、バターのように黄色い、そしてバターを盗みに来る蝶がバターフライ、というふうに英国人は虫に名を付けているけれど、そうするとただのフライ、つまり蠅が、飛ぶ虫の基本であったことになる。家畜を飼う民族にとって、まず最初に目につくのは蠅なのであろう。そのほかの虫はずっとあとから目に止まるようになったのに違いない。ちなみに緑色の小さなクサカゲロウは、その薄い翅からレース・

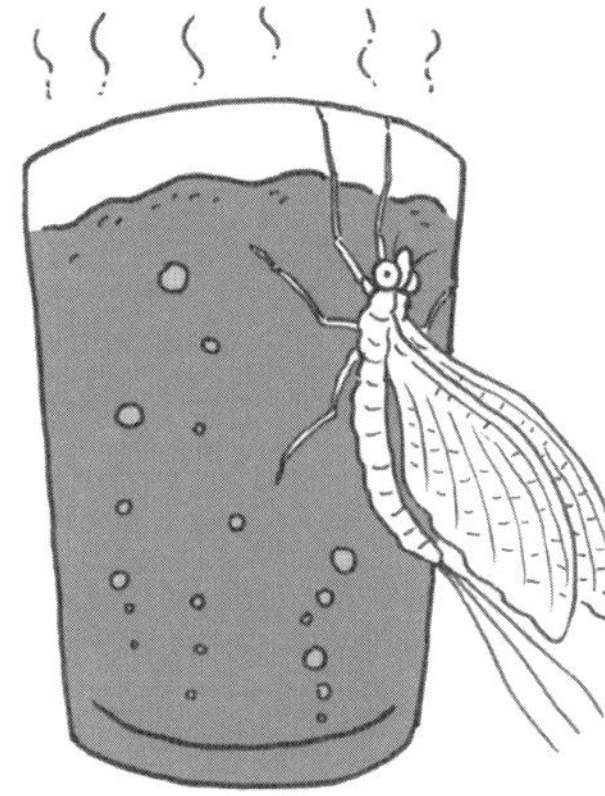

ウィングと呼ばれ、アリジゴクの親、つまりウスバカゲロウは、蟻にとっての獅子、アントライオンと呼ばれている。

水の中で半年とか二、三年とか暮らしたカゲロウの幼虫が、春か秋のある日、いっせいに羽化して空中に飛び出すことがある。その数は、ときに膨大なもので、光に集まったカゲロウが白い雲のように地面をおおい、それを車がひいて、カゲロウの油で車輪がスリップして次々に追突事故を起こすことさえある。

フランス中部、ロワール川のほとりの、トゥールという街で私はカゲロウの大発生を見た。ロワール川沿いの街の名物はカワカマス（パイク）という大きな魚のバター焼きで、水に落ちたカゲロウをカワカマスが食い、それを人が焼いて食い、と連想して私は急に魚料理のレストランに行きたくなったけれど、橋の上からロワール川を見おろすと、水は濁って、何となく嫌なにおいがするようであった。カゲロウ大発生の原因の一つは、水質の汚濁であるという。水清ければカゲロウも棲まず、というところである。

33

ツマベニチョウ

季節の移りかわりを、われわれは毎年、文字通り肌で感じているはずなのだが、「喉元すぎれば」のたとえどおり、それをすぐ忘れてしまう。そうして、急に寒くなったり、暑さがもどったりするたびに、いちいちそれに驚いたり、だまされたりして暮らしている。

この同じ街を、冬の厳寒の時期には、厚いコートを着、首にはマフラーまで巻いて、それどころかポケットには懐炉《かいろ》までしのばせて、まるで夏の我慢会のような格好をして首をすくめて歩いていた事を、真夏のうだるような暑さの日に、誰が信じるだろうという気がする。

しかし日本は南北に長い。東京では寒くて手袋が欲しいような日でも、たとえば沖縄には真夏が存在するのであって、そんなときに飛行機に乗れ

ばたったの三時間で向うに着く。

仏桑花《ぶっそうげ》（ハイビスカス）が真っ赤に咲く垣根に、勇壮なツマベニチョウが何匹も、赤と白の翅を羽搏《はばた》いて、次から次へと飛んでくるのを見ると、嬉しいというより何より、老人が魔法によって若がえり、急に力を回復したような、胸のときめく気分になる。

ツマベニチョウは、漢字で書けば「褄紅蝶《つまべに》」、翅のつま先が紅いからである。シロチョウの仲間では世界最大級の大きさで、速く、高く飛ぶ。こうして垣根の花に来たとき以外は、とてもとても網で掬《すく》うことなど、出来そうもないほどの猛スピードで飛ぶ飛翔力の強い蝶である。

戦前、台湾の台北に住む日本人は、紅白に染め分けられたこの蝶を「源平蝶」と呼んでいたそうである。もちろん源氏の白旗、平家の赤旗に因《ちな》んでの呼び名で、そう聞くと単に勇壮なだけではない、あの『平家物語』から連想される何か悲しみに近い感情までが、青い空を背景に飛ぶこの蝶の姿に感じられる。

34 マルハナバチ

風が吹けば桶屋がもうかる、という、例のあの話ではないけれど、このマルハナバチがいなければ、ニュージーランドでも英国でも、羊毛の値段が暴騰することになる。

つまり、ニュージーランドや英国では、ヒツジの主な食物となるのは、クローバーの一種の、レッド・クローバー（アカツメクサ）なのであるが、この花は、マルハナバチやミツバチのような蜂が花粉を媒介してやらなければ、種子ができないのである。

ところで、マルハナバチは、ミツバチよりもずっと低い気温の中で働くことができる。早朝でも夕方でも、また少しぐらい雨が降っていても、この蜂はせっせと花を訪れて蜜や花粉を集めている。あまり寒い日など、ときどき気を失ったようになって道に落ちていることがあるけれど、温めてやればまた動きだす。

ニュージーランドは、今でこそヒツジが人の数より多いくらいであるが、もともと非常に早く、太古の時代にほかの大陸と分離した島であって、ウシもウマもヒツジもいなかった。ここにヒツジを持ちこんだのは英国人なのである。

その飼料のレッド・クローバーも、一緒に英国から運んできた。ところが、レッド・クローバーは、ニュージーランドではなぜか種子ができない。それで毎年英国からその種子を取り寄せていた。マルハナバチの役割に気がついたのは何年もたってからで、この蜂を放すようになってから、その必要がなくなったそうである。上等のウールのスーツも、うまいラム・ステーキも、言わば、この蜂のおかげなのである。

35

ヒメアカタテハ

アカタテハという蝶がいる。しかしそれより少し小さめで、華奢《きゃしゃ》な感じがするのでこれはヒメアカタテハと名づけられている。

虫の世界でも、植物の世界でも、何か基準になる種があって、それより小ぶりのちょっと弱々しいものに「コ」とか「ヒメ」とつける。「ヒメ」は「姫」であろう。ヒメキマダラヒカゲ、コヒオドシ、コクワガタ、ヒメアザミ、ヒメシャガという調子である。

ヒメアカタテハは、アカタテハよりも、たしかに小さいし、色も淡く、「ヒメ」の感じはするけれど、その生態を見ると実にたくましい、したたかな蝶であることがわかる。

オーストラリアやニュージーランドをのぞいて、ほとんど全世界に分布しているので、汎世界種《はんせかいしゅ》とよばれている。

じっさいにフィリピンの山の上でも、マダガスカルの平地でも、乾期の草原の、ほかにまったく蝶の影が見えなくてがっかりしているときに、さーっと飛んできたものを、「しめたっ！」と採ってみると、たいていこのヒメアカタテハなのだ。しかもこの蝶は世界中どこに行ってもちっとも変化がない。ちょっと大きいか小さいかぐらいである。幼虫はキク科の雑草を食うために、どこにでも棲めるのであろう。やっぱり何でも文句を言わずに食べる者が強いのである。

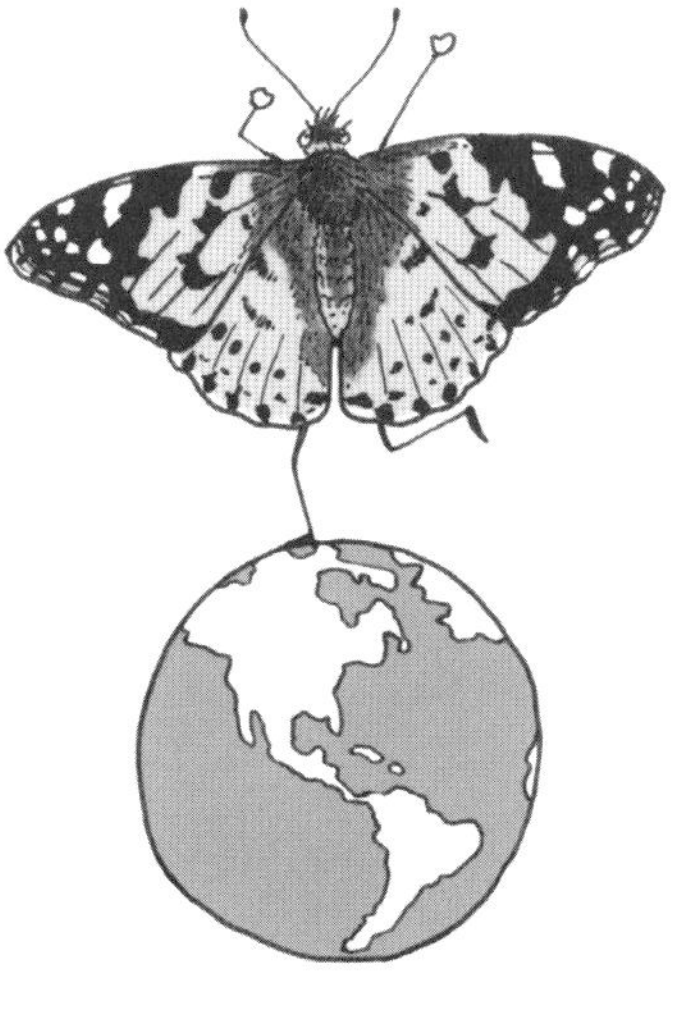

36

ハンミョウ

「緑と、紅《くれなゐ》と、紫と、青白《せいはく》の光を羽色に帯びたる毒虫のキラキラと飛びたるさま……」と泉鏡花は『龍潭譚《りゅうたんたん》』という小説の中でハンミョウを描写しているが、実にまったくそのとおり、これはいかにも毒でも含んでいそうな美しい虫である。

山道を歩いていると、人の前をパーッと飛んで止まり、人が近づくのを待ちかまえるようにしていて、またパーッと飛ぶ。そのさまが、あたかも人を導いて行こうとするかのように見えるために、ミチオシエなどの別名があるけれど、虫としてはもちろん、人間の相手などをしている暇はない。そんな風に見えるだけのことである。

ハンミョウのことを、毒虫、毒虫と言う人があるけれど、それもまた、そ

んな風に見えるだけで、別に毒をもっているわけでもない。カンタリジンという毒をもっていて、一匹でも人を殺すほどの毒虫は、ハンミョウはハンミョウでもツチハンミョウといって、これとは縁の遠い甲虫の仲間である。

ハンミョウの類は世界中に分布していて、アフリカなどにはずいぶん大きい種類もあるけれど、美しさでは、日本や中国にいるふつうのハンミョウが随一、と言っていいであろうと思う。雄も雌も同じ姿をしていて、両方ともに美しい。しかしよく見れば大腮が発達しているし、目つきも鋭い。よく見える目でほかの虫を見つけ、長い肢と翅を使ってつかまえると、大腮でぐわっと嚙みつく。肉食の恐ろしい虫なのである。しかし、今や交尾直前の二匹の場合、雄はその大腮で雌の首すじを、そっと、しかし、しっかりとくわえる。雌は中肢で、それを振りはらおうとしたりする。目をこらしてよく見ると、何となく、雄の方が気が弱そうで、雌の方が目に険《けん》があるように見えることもある。

37

ヤンマのヤゴ

欲しいものを見ていて、「のどから手が出る」思いをすることがある。骨董品などを蒐《あつ》める人はよくそういう思いをするはずで、欲しいとなったら寝ても覚めてもそのことばっかり。どうやって手に入れようか、あれこれ悩むものである。

トンボの幼虫をヤゴという。ヤゴは池や小川など、水の中に棲んでいて、メダカのような小魚をつかまえて大きくなる。

親のトンボも、カやハエをつかまえて食べる肉食の昆虫であって、大きな目玉がギョロリとした精悍な顔をしているけれど、幼虫のヤゴはさらに恐ろしい顔つきをしている。水底にじっとして目玉だけを動かし、小魚の動きをうかがっている。身体全体は身のまわりにある、コケの生えた小石か木ぎれのような色をしているから、魚の方は気がつかない。きょとんとかわいい目をした、子供のように小さい魚がふらふらと近づくと、ヤゴの顔の下から、目にも止まらぬ素早さで手が出て、魚をつかまえる。のどから手が出たのか奥の手か、これこそまさに電光石火の早業である。

ヤゴの顔というか、腮のあたりを詳しく見ると、口器が折りたたみ式になっていて、いざというときにさっと前方に繰り出せるのである。先端はもちろん、ヤットコのように物が挟めるようになっている。ヤゴのこの顔は「捕獲仮面」と呼ばれているけれど、人の場合は、何食わぬ顔の鉄仮面にかぎって奥の手を出すから油断がならない。

38

源氏螢

螢はたぐふべきものもなく、景物の最上なるべし、と江戸期の俳人、横井也有は俳文集『鶉衣《うずらごろも》』の中の、「百虫譜」に書いている。夏の田園地帯の、本当に鼻をつままれてもわからない闇の中では、螢の光でも、充分に明るい、大きな光に見える。

螢を沢山捕ってきて、蚊帳《かや》の中に放した。源氏螢ではなく、それよりずっと小さい平家螢ではあったけれど、首すじの赤い小さな甲虫が冷たそうな光を、呼吸でもするようにホーッ、ホーッと放ちながら、蚊帳のあちこちで光っている。螢はまさに景物の最上、である。八畳の部屋いっぱいに吊られた蚊帳でも中はひとまわり狭く、天井は低い。それが逆に繭《まゆ》の中にでも包み込まれたような安心感を与える。それに蚊帳というものは懐かしい、いい匂

いがする。その中に虫どもと一緒に閉じ籠ることは限りなく楽しい——私が子供で、田畑に農薬が大量に撒かれる以前の、まだ小川に鮒や泥鱒や水棲昆虫がいっぱいいた頃の話である。

先日、日本の近代文学作品を中学生に読ませるために注をふんだんに付けた叢書というのを見た。よく売れているらしい。母親が買って自分が読んでいるのではないかという。手に取ってパラパラとめくっていると、「蚊帳」に注釈が付いているのにびっくりした。図解してあって、蚊を防ぐために寝床の上に吊る、云云のことが書いてある。なるほど考えてみれば都会生活で、今どき蚊帳などを吊る人はいないであろう。だから説明が要る。そうして説明されるとよく解る。しかし、蚊取り線香の匂い、青蚊帳の匂い、その中の楽しさ、そんなものはいくら説明されても解るものではない。まして蜻蛉や螢を中に放って遊ぶなどという段になると、体験したことのない人は、それこそ「蚊帳の外」である。

母や姉に古蚊帳で捕虫網を縫って貰って昆虫採集に出かけると、野山にはいっぱい虫がいる……何だか昔の方が何もかもいいように思われてくる。

39 アオスジアゲハ

日本の大都会では虫はどんどん減っていくようである。それもあたり前の話で、土地が高くなり、家の敷地はますます狭くなっていくから、庭の面積が減り植物が減って、人間の家の中に入り込んで暮らしている昆虫以外は、都会には棲めないのである。

しかし、このアオスジアゲハは近年その数を増している。幼虫の食べる植物であるクスノキが、公害に強いために、街路樹として植えられることが多くなっているからである。

クスノキは暖地の植物で、九州などに行くと何百年も経た巨木に育つ。その梢《こずえ》を見上げると、アオスジアゲハが青空を背景に、ビリビリと稲妻のように翅をふるわせて飛んでいるのが見られる。

この蝶は東南アジア一帯を本拠地として広い分布域を持つ。日本の東北地方はその北限であって、数も少なくなるのである。

私が小学生のとき、この蝶は家の近所ではなかなか採れなかった。タマネギの花が咲くと、親の蝶が蜜を吸いに畑にも飛んできたけれど、幼虫の食樹クスノキは遠くの神社まで行かないとなかったからである。

小学校に入ると、校庭にも、学校の隣の神社にもクスノキがあって、この蝶をよく見かけた。体操の時間にクスの梢のアオスジアゲハの飛翔に見入っていて、先生に思い切り頭を張られた。そのことを想い出すと今でも腹が立つようである。

40 黄金虫

日本の貿易収支が大幅な黒字になってめでたいと言っているうちに、その黒字幅が大きすぎて、世界各国から袋だたきの目に合わされるようなことに、いつの間にかなってしまった。アメリカは逆にひどい赤字だという。

一所懸命はたらいてドルをためても、そのドルの値打ちがどんどん下落するのでは何をしていることかわからない。

やっぱりフランス人、中国人、インド人のように金《キン》をためるのが、今のところ一番安全ということになるのだろうか。と言っても佐渡の金山も掘り尽くしたようであるし、新しい金鉱など、めったに見つからないとなれば、いっそ黄金虫《コガネムシ》から金を抽出する方法を考えてみたらどうであろう。

図の黄金虫は、コスタリカ産のギンイロウグイスコガネという種類で、こ

の仲間はほかにも何種類かいて、いずれも見事な金色、あるいは銀色に輝いている。昔の表現の、金色燦然《きんしょくさんぜん》というのはまさにこのことで、とても天然に産する昆虫とは思えない。金メッキでもしたかと、誰でも思うであろう。

中南米に攻めてきた黄金亡者のスペイン人征服者《コンキスタドレス》たちがこの虫を発見していたら、それこそ

「我ら黄金郷《エル・ドラド》にあり！」

と、勇み立ったにちがいない。

もう一つの虫はマダラチョウの仲間の蛹である。マダラチョウやタテハチョウの中には、この図のものほどではなくても、金色に輝くのがたまにある。それで蝶の好きな人のことを昔の英国ではオーレリアンと言った。ラテン語のアウルム（金）から作られた言葉である。

しかし私の場合など、蝶や黄金虫の標本を買うのにお金がいるので、オーレリアンではありながら、金《アウルム》とはまるで縁のない生活をしている。

41

ヘルクレスサン

動物や植物の学名をラテン語で付け、国際的に通用しやすいものにしたのは、スウェーデンの博物学者、カール・フォン・リンネである。

それまでは各国でまちまちに、自国の言葉で名前を付けていたから、外国の学者と話をするときには不便であった。そのかわりに、同国内で使う限りにおいては、親しみやすく、子供にもわかりやすいという利点があった。だから今でもわれわれは、日本だけで通じる和名とラテン語の学名を場合によって使いわけている。

しかし、学名の付け方にも、はじめのうちはなかなか夢があって、リンネとその弟子らは、ギリシャ神話の神々の名を多く採用している。

たとえば、巨大な、力強い昆虫には、大地をその両肩で支える巨人、アトラスの名を付けるとか、美しく雄々しいアカボシウスバシロチョウには、太陽神アポロの名を付ける、とかいった具合である。

オーストラリアからパプア・ニューギニアにかけて棲む、尻尾（尾状突起）の長い大型の蛾には、英雄ヘラクレスの名が付けられている。東南アジアから広く日本の与那国島にもいて、世界最大と称せられるヨナグニサンの学名はアトラスで、それに近い仲間の蛾がヘラクレス。

この二つの名は、ヘラクレスオオカブトとかコーカサスオオカブトと、それぞれ東南アジアと南米に棲む巨大カブトムシにも付けられている。両方の虫の、生きているものが手に入ったら、どっちが強いか、誰でも闘わせてみたくなる。

42

ヨツボシケシキスイ

クヌギの樹液に集まる虫を見にいって、この甲虫、ヨツボシケシキスイに出会わないことはない。

ちょっと変わった名前だが、これはつまり、四つの星のある、ケシツブのように小さい、木の汁を吸う虫、という意味の名であろうか。樹皮と、木の材《ざい》とのあいだにひそんでいる姿は小さいが、虫めがねで拡大してよく見ると、太くてがっしりした大腮といい、朱を研ぎ出した黒うるし塗りの長楕円形の身体といい、実に魅力がある。この虫がもし、クワガタムシのように大型であったなら、さぞかし人気が出ることであろう。

クワガタムシやカブトムシは、いつも見つかるとは限らない。それに朝、誰よりも早く行かなければ先に取られてしまう。昼間のこのこ出かけていく私の相手をしてくれるのは、アオカナブンやキマダラヒカゲと、このヨツボシケシキスイだけであった。これが大きかったらなあ、と何度思ったかしれない。

ブドウを食べたときも同じことを思った。粒ひとつがスイカほどのブドウがあったら、いや、せめてリンゴほどのがあったら。

フランス十七世紀の画家プッサンが描いた楽園の情景にも、巨大なブドウの房を、二人がかりで運んでいくところがある。バイオテクノロジーで、いずれそんな大きな果物も出来るかも知れないが、小さな虫の場合は、こちらがぐっと小さくなったつもりになればよい。想像力の世界でなら、それもまた可能である。

43

ツチスガリ

その日、私はファーブルの『昆虫記』を訳すのに根をつめて、へとへとになっていた。

東京の暑さを逃がれて、蓼科《たてしな》にある昆虫写真家、海野和男さんの山荘に来た翌日のことである。

午前中いっぱい、といってもそんなに早起きではないから、たかだか三時間ほどだが、それだけかかって四枚分ほどしか進まない。第一に、そこに出てくる蜂の名前をどう訳していいのか決めかねるのである。それは、タマムシやゾウムシのような甲虫、あるいはコハナバチのような、ほかの小さな蜂をつかまえ、尾端の運動神経を麻痺させてから、土に掘った巣の中に貯蔵して幼虫の食糧とする蜂の仲間で、ある本にはツチスガリとあり、またある本

にはフシダカバチとある。

あれこれ考えながら、ともかくも一節を訳し終え、海野さんと二人で近所にある白い小さなホテルにコーヒーを飲みに出かけた。

その庭の、パラソルをさしかけたテーブルで休んでいると、芝生の上を蜂が飛んでいる。よく見ればあっちにもこっちにも沢山いて、しかもそれぞれが自分より小さな蜂を抱えて芝生の穴の中に入って行くではないか。

「海野さん、カメラ、カメラ、ファーブルの蜂だよ!」

と思わず私は叫んだ。

それから三時間、ほかに客のいないのをさいわい、海野さんが地面の上に這いつくばるようにして、それこそ土にすがって、ツチスガリの写真を撮ったのだった。

まったくファーブル先生のお引き合わせであると思った。

44

オオクワガタ

山梨県の雑木林に昆虫採集に行った。と言っても、毎年行っているところだから、特に何が採りたい、というのではない。今頃はオオムラサキが飛んでいるかな、樹液にカナブンの仲間、クワガタの仲間が来ているかな、と虫の元気な情況が見たいだけで、捕虫網など持っていてもいなくてもかまわないというぐらいの気持ちで出かけていった。

クヌギの老木のウロのあたり、中にクワガタの潜んでいそうなところに緑《ろく》青《しょう》のような色がついている。どうやら誰かが花火などを使って、中の虫を追い出そうとした跡らしい。何もそこまでしなくても、と残念な気がした。

ねらいはオオクワガタなのである。ノコギリクワガタ、ミヤマクワガタも立派であるけれど、オオクワガタの風格というものはまた別で、その大型の雄となると、まったく威風あたりを払うものがある。

そしてもちろん、稀な種類なのである。だから、クワガタ好きのあいだで、値がだんだんつりあがってきて、七十ミリを超える大きなものは、十万、二十万という値になってしまった。

一方で、飼育を試みる人も増え、ヒラタケの菌床にビタミン、ミネラルを加え……と、幼虫の食料を工夫する人が出てきた。そうやって、八十ミリを超える大型個体が得られるという。昔から、こういうことをやらせたら、日本人は世界一、なのである。

過熱したそんなブームもやがて去り、オオクワガタを採るためにクヌギを伐るような、狂ったように無茶なことをする人は少なくなったようである。

45

アサギマダラ

三重県の湯の山であったかどうか、場所もよく覚えてはいないのだが、場面だけははっきりしている。家族で、山の温泉地に行ったときのことである。私が小学校の五年生で、父は五十過ぎであったろう。

宿の近くの谷川で、清流に手をすすごうとしゃがんだら、目の前を水色に鉄錆色の蝶が、水面すれすれにゆっくり飛んでいった。横に並んでいた父が、驚きに目を瞠《みは》って、

「ほうー、綺麗な蝶やなあー」

と、感に堪えぬ、という声を出した。

それを聞いて、私はいささか得意な気持になった。私はごく小さい頃からの虫好きで、特にこのころは、朝から晩まで虫のことばかり、頭の中で考え

もし、父母に喋りもした。父はそれをよく聞いてくれていたので、実際にその美しさを目のあたりにしてもらうことが出来て、私としては「面目をほどこした」ような気持ちになったのである。

なるほど、アサギマダラとは、昔の人はいい名前をつけたものである。まさに浅葱色の美しい蝶で、ふうわり、ふうわり、なよなよと飛ぶさまは、ことに日本的、平安の若い貴族という感じがする。

ところが、この蝶の属するマダラチョウ科の本拠地は、東南アジアの暑い地方なのだ。たくさんの種を擁するマダラチョウ科の中で、本種だけが日本の北の方まで分布を広げている。しかしそれには秘密があって、この蝶は日本の温暖な気候を享受したあと、暑くなれば高原に避暑をし、やがて長距離の渡りをする。夏の終りには南へ、南へと戻っていくのである。

46

コナラシギゾウムシ

歩くとき、肢にからまってじゃまになるほど長いクチバシをもったこの甲虫は、シギゾウムシといって、古いお米につく、あのコクゾウムシのなかまである。口のところが、鳥の鴫《シギ》のクチバシのように長く伸びているのでこの名があるのだが、なぜこんなすがたになったかといえば、ドングリの中に細い穴を深くあけて、その中に卵を産みつけるからである。

この虫のメスは、長いクチバシで、ドングリにとりつき、人間がキリを使うように、全身を使って、右まわりにギリギリ、そして次は左まわりにギリギリと、根気よく穴をあけていく。見ていてもなかなかはかどらない。一個のドングリに穴をあけるのに、半日かかることもある。虫の一生は短いのに気があせらないかと、あせっているのはこっちの方で、虫としては、ドングリに穴をあける以外、ほかにすることがないのであるから悠々たるものである。

秋になってクリを食べるとき、虫喰いのものに出合うことがある。クリの実が茶色く変色して渋い味がするけれど、あれもこのシギゾウムシのなかまのしわざであって、クリに産みつけられた幼虫がかえり、中身を食べたのである。さて、長いクチバシであけた穴の底まで、卵がどうやってたどりつくのか、不思議に思われるところだが、この虫のメスは、クチバシと同じ長さの産卵管を腹の中にもっている。

穴をあけおわると、くるりと方向転換し、その産卵管を一瞬のうちに伸ばして、ドングリの底に産みつけ、またさっとひっこめるというわけである。

47

アキアカネ

赤いトンボ、あるいはオレンジ色のトンボをアカトンボと呼んでいれば大体まちがいはないけれど、正式にはアキアカネ（秋茜）、ナツアカネ（夏茜）、マユタテアカネ（眉立茜）、ヒメアカネ（姫茜）と、種類はいろいろに分けられている。その中でいちばん代表的、というか普通に見られるのは、アキアカネとナツアカネで、習性が面白いのはアキアカネの方である。

つまりアキアカネは夏の間、高い山に移動して避暑をし、ナツアカネの方は平地にとどまって暑さを我慢する。人間もアキアカネ族とナツアカネ族の二種類に分類されるのかもしれない。

両方とも平地の水田などでヤゴから羽化してトンボになるのは、六月の梅雨の頃である。四、五日間平地でトレーニングをして、身体も固まり体力がつくと、アキアカネは思い思いに、あるいは集団で、高い山の方に向かって飛び立って行く。その頃まだ体色は黄色であって、アカトンボならぬキイロトンボであるけれど、高原の別荘地で虫を食ってぶらぶらしているうちに性《せい》腺《せん》が成熟して、その名に恥じぬ、トウガラシに羽根をつけたようなアカトンボになる。

高原の朝夕が肌寒くさえ感じられるようになると、そろそろ里に降りる準備にとりかかり、雌雄連れ立ち、大挙して帰郷する。すなわちアカトンボの類は四か月も生きるわけで、成虫に限って言えばトンボの中の長寿者である。だからであろう、アカトンボの黒焼きは夏の寝冷えの風邪に効くと信じられてきた。

48 ミドリシジミ

「埼玉県の蝶にミドリシジミが指定されました」と、たまたま乗った夕方の、タクシーのラジオが言った。私の聴き違いかも知れないが、浦和市（現さいたま市）の駅から数キロのところにある、荒川河川敷の、秋ヶ瀬公園のミドリシジミが採集禁止になる、というようなことも言った。ミドリシジミというのは、いずれも金緑色にきらきら輝く、小さいけれど美しい蝶である。

ミドリシジミの仲間には何種類もあるけれど、幼虫がハンノキを食うのは、上に何も付かないただのミドリシジミという種であって、キリシマミドリシジミでもヒサマツミドリシジミでもない、昔から普通種あつかいをされてきた身近な蝶である。

「埼玉県の人口がこんなに増えて、宅地造成される前は、うちのまわりにいっぱいいたんだけど」と今も埼玉に住む友人が言う。「そこいらへんの低湿地に生えているハンノキの梢に、六月の下旬ごろ、チラチラとハエのようにいくらでも飛んでいて、採ろうと思ったら百でも二百でもすぐ採れたよ」

「幼虫の餌になるハンノキがあって、成虫が蜜を吸うクリの花なんかがあったら、あれは絶滅しません。それよりあの公園を妙に整備したりして、今たくさんいるミヤマチャバネセセリとギンイチモンジセセリの好きな環境を変えてしまうんじゃないかと、それが心配」

今まで町や県が蝶の保護ということを言い出して、それが効果をあげたためしがないことを知っている。蝶のことが別に好きでも嫌いでもない、つまり本心ではどうでもいいと思っているお役人の自然保護のアリバイ工作なのだ。だから、虫好き同士の会話はどうしても不景気になる。

「と言ってもなあ、誰も自分の住んでる家を壊してまで、昔どおり蝶のいた環境にもどすわけにはいかんしなあ……」

49

ルリボシカミキリ

蒸し暑い日であった。半袖のシャツ一枚で首にタオルを巻いていると、そのタオルがすぐにぐっしょりとなる。それをしぼってまた首に巻く、という具合にして、私は友人と二人、貯木場のブナの丸太を調べていた。

山の上の方でどんどん広葉樹を伐っているらしく、広い貯木場があちこちにあって、トラックが太い材木を運んできて積みあげてある。

木の香も新しい、そんな丸太に、カミキリムシをはじめとする甲虫類や、蜂の仲間がいっぱいに集まってくる。カミキリムシはこの丸太の割れ目に卵を産みつけにくるのである。

ルリボシカミキリがいた。水色の地に濃い紺の斑《ふ》があって、触角の長い、華奢な美しい種類である。よろこんで思わず手でつかもうとしたら、力がはいって、肢が一本、とれてしまった。こういう繊細な虫を、人間の、むくつけき太い指で押さえてはいけない。やはり、細いピンセットではさまなければ、と思うけれど、つい、手が出てしまうのである。

この山の上の方一帯は、昆虫、植物の採集が禁止されていて、捕虫網を持ってふらふら歩いていれば、監視員に叱られる。ひょっとしたら、この貯木場でも虫を採ってはいけないのかもしれない。

しかし、カミキリムシがいっしょうけんめい卵を産みつけても、すべてこの木もろとも家具になったり、チップになったりするのである。だから採って標本にする。この山にこんな美しい虫がいたことを、せめて残しておこうというのである。

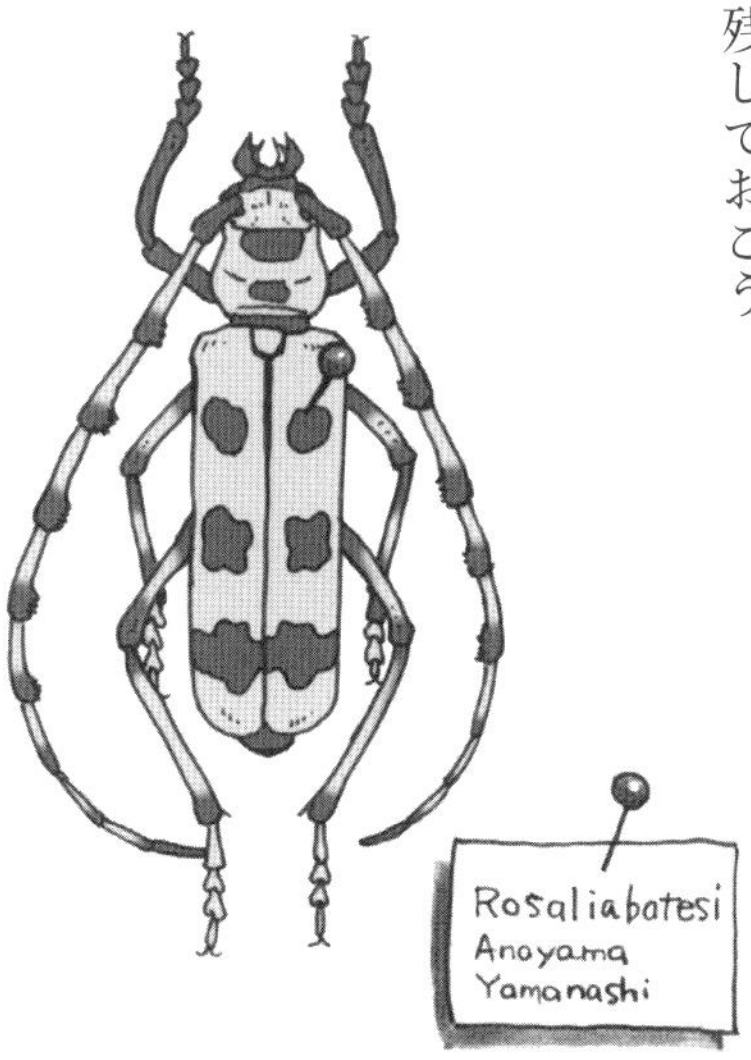

50 カマキリモドキ

あるものに似せて作られた、まがいもののことを、「……もどき」と言い、「擬」という字があてられる。カマキリモドキは、カマキリに似た鎌型の前肢を持っているが、実を言うとカマキリとはまったく系統の違う昆虫なのである。

詳しく言えばカマキリは網翅目《もうしもく》に属するゴキブリに近い虫であるのに対し、カマキリモドキは脈翅目《みゃくしもく》に属するカゲロウに近い虫なのである。

つまりこれは、まるでカマキリのにせ者扱いで、カマキリモドキと呼ばれているけれど、本来はどっちがどっちのまねをしたのでもない。獲物をつかまえやすいように前肢が発達した結果、自然に両者が似てしまったので、これは偶然の、いや必然の一致なのである。

カマキリモドキでも、日本にいるものは透き通って、何となく弱々しく、カゲロウなどに近い昆虫であることがわかるけれど、東南アジアには、大型でがっしりしているうえに、べっ甲色の翅の具合といい、腹部の色彩といい、刺されれば痛そうな彼の地のアシナガバチの類そっくりのカマキリモドキがいる。

つまり、そういうカマキリモドキは恐ろしい蜂に擬態をしていて、鳥や小型の獣類などが手を出さないように自分の身を護っているわけで、言わばハチモドキカマキリモドキとも言うべき珍品である。

もちろん姿は蜂に似ていても尾端に毒針などは持っていない。しかし頭《かしら》をぐっと低く下げ、鎌を持ちあげ気味に構えた姿は、その肌の赤銅色《しゃくどういろ》と鋭い目の光とが両々《りょうりょう》相俟《あいま》って、タイのキックボクシングか何かの、とびきり強い選手を思わせる。

51 オニヤンマ

夕方、みんなで先生のまわりに立ち並んで話を聞きながら、横の木立をふと見ると、オニヤンマの大きな雌が、木の枝からぶら下がっているではないか。太い産卵管で雌と分かる。

町の小学校から五年生と六年生の希望者が、山の麓の小学校に来て、講堂に寝泊りさせてもらい、昆虫採集をしたり、山登りをしたりする、夏の学校行事の一つ、いわゆる林間学校に参加したときのことである。

そのときはみんな捕虫網を手に持っていた。オニヤンマに気がついたら、私はもう胸がどきどきして先生の話なんか聞いていられない。それでも話が済むまでかろうじてこらえ、網を構えて、ふらふらとヤンマの方に歩き出した。目はそっちの方に釘付け。その異様な目つきにみんな気付いたらしい、シーンとして私の方を見ているらしい気配である。

木の枝からぶら下がっているオニヤンマの下から網を受けるようにして、上に向かって一気に、えいっとすくいあげた。

〝じゃりじゃり〟という、大型のヤンマ特有の、翅のすれる音と、重い手応えがあるはず。が、無いのである。網の中は何度見直しても空であった。

緊張しすぎて、網の中心がヤンマからはずれていたのかも知れない。見つけてから網を振るまでの時間が長すぎて、かえっていけなかったのかも知れない。全身がしびれるような無念の思いが、しばらく去らなかった。

和名は、大きくて恐い顔をしているから「鬼」なのではあるまいか。オニアザミ、オニユリのオニであって、その反対はヒメユリ、ヒメイトトンボ、ヒメオオクワガタの「姫」であろう。

52 螢の樹

マレーシアの首都クアラルンプールから車で二時間ほど走った。途中は〝地球にやさしい〟オイル・パームのプランテーションばかり。整然と並んでいるところは見事というほかないけれど、よくもまあ、これほど自然を改造したものとあきれてしまう。

しかしその椰子から採る油を大いに消費しているのは、ほかならぬわれわれ日本人なのであるから、文句の言えた筋合ではない。

やがて小さな村に着く。ずいぶんな田舎という感じがする。ここに螢の樹があるというのである。

すこし腹がへったので、村でおそらく唯一の食堂に入る。中国人の経営である。東南アジアでは、どんな僻地に行っても、必ず中国人の雑貨屋か食堂があるのに感心する。客はインド人の労働者らしい人々が主であった。練乳をたっぷり入れた甘い甘いコーヒーを飲む。店の中は蒸し風呂のように暑いから、すぐ外に逃げ出して風に当たる。

かなり大きな川が流れていて、水の色はさっきのミルクコーヒーのようであったけれど、その両岸の樹に螢がいっぱいに止まって明滅を繰り返すのであるという。

夜になった。小舟に乗って真暗闇の水面にすべり出る。そして両岸の樹をクリスマス・ツリーのように、輝きで満たしている螢の群を見た。一秒間に二回ぐらいか。パッパッと明滅するその壮観は、あらかじめ口で、いくら説明されていたとしても、絶対に想像できぬ素晴らしさであった。

53

イチモンジセセリ

ふわふわ、ひらひら飛ぶアゲハやシロチョウの仲間を見て、普通はこれがチョウだと教えられるわけだが、それからすればセセリチョウの仲間はおよそチョウという名にふさわしくないものである。

セセリチョウは、東洋熱帯のバナナセセリや南米産の一群のものを除けば、どれも地味で小さく、そのわりに身体が太くて、チョウというよりは、むしろガに似た感じである。

中でもイチモンジセセリは時に大発生をし、群をなして移動したりする。大発生をしなくても、どこにでもたくさんいて、よほどのチョウ好きでも網に入れてみたいとは思わない、ありふれた種である。

イチモンジセセリがこれほど普通に見られるのは、ひとつにはこの幼虫がイネを食べるからであろう。イネを食べる者は人間と同じで、仲間を殖やすことができる。その点で、イチモンジセセリもスズメやネズミと同じく、人間と共に繁栄している生き物ということができそうである。

しかしそういえばアゲハやモンシロチョウも似たような存在で、人がミカンやダイコンを栽培したから、今のように数が殖えたのであろう。古代世界、あるいはそれ以前の、野生のカンキツ類やアブラナ科植物にのみ頼っていた時代にこれらのチョウは、今ほどたくさんは見られなかったはずである。スズメ、ネズミ、ゴキブリ、イチモンジセセリ、アゲハ、モンシロチョウにとっては、人間様々というところである。

54

カラカサトビナナフシ

コノハムシが木の葉に姿を似せているように、ナナフシは木の枝に自分の姿を似せている。

ナナフシが木の枝にじっとしていると、少なくとも人間の目には、木の枝葉の中にまぎれてしまってその存在がわからない。それでも鳥や猿には見つかってしまうことがあるのだろうか、この虫の場合、敵に触《さわ》られると、腹部を上に反《そ》らせ、羽をぱっと開く。するといきなり下から、オレンジ色の派手な薄い羽が現われる。まるでカラカサのオバケである。

今まで緑色の、単なる棒のような虫と思っていたのに、思いもかけぬ色彩が、急にびっくり箱のように目の中に飛び込んでくるので、猿なら驚いて摑んだ手を離し、鳥ならくわえたクチバシを引っ込める。

するとこのトビナナフシは、開いた羽をそのままはばたき、高い木の梢からさーっと滑空して逃れてしまうのである。

マレー産のこの虫は、つい最近まで非常な珍品であって、一匹何十ドルもした。それでも現地の標本商が、なかなか売ってはくれなかったものである。ところが、木の梢の高いところに沢山いることがわかったために、今では値も安くなり、簡単に手に入るようになってしまった。採集人たちは、ひょっとしたら、触られるとぱっと羽を開くこの習性を、逆用しているのかもしれない。つまり、いいかげんに梢を叩いてみてオレンジ色が見えたら捕るというわけである。

55
セミ

イソップの物語、あるいはそれに想を借りたラ・フォンテーヌの寓話の中で、蟬はずいぶん損な役割を演じさせられている。

夏じゅう歌っていた蟬は、冬が来ると食物に窮し、おなかが空いてたまらない。それで蟻のところに物乞いに行くのである。

「穀物を少し、貸して下さいな」

どうやらラ・フォンテーヌという人は蟬を見たことがなかったらしい。彼によれば蟬は、ハエのような小さな虫やミミズや穀物をむしゃむしゃ食うことになっているのである。

蟬の口を見れば、それが木の汁を吸うには適していても、物をかじるのは不可能であることはすぐに分かる。蟬は、イネの茎の汁を吸うウンカや、同じく植物の汁、他の虫の体液を吸うカメムシ、そして人の血を吸うトコジラミ（ナンキンムシ）などに近い昆虫で、もっぱらジュースを飲んで生きているのである。

ラ・フォンテーヌ自身はそういうふうに蟬をキリギリスか何かととり違えていたのだけれど、それも無理のないことで、西洋の北の方に蟬はおらず、したがってそこに住む人々も蟬という虫をよく知らない。だから蟬のたくさんいるギリシャのイソップ物語を西欧の言葉に翻訳するとき、読者に分かりやすいよう、蟬をキリギリスに置きかえた。日本へのイソップの移入は欧米経由であるから、もとの「蟬と蟻」が「蟻とキリギリス」になった、と、こういう次第である。

ただ一つ、日本では〝優しい蟻さん〟が、〝かわいそうなキリギリスさん〟に食物と宿を与え助けてあげるのに、元のイソップやラ・フォンテーヌでは、「夏じゅう歌ってらしたんですって？　じゃ今度は踊ってらっしゃい」と無慈悲なことを言うことになっている。日本的温情主義もいいではないか。

56

クワガタマルカメムシ

長年昆虫に接していると、はじめての虫を見ても、だいたいどのグループに属するかぐらいのことは判るのだけれど、ザイールのジャングルで採れたこの虫ばかりはいったい何なのか、まったく見当がつかなかった。甲虫だろうか。体は固いし、頭部に角のあるのと無いのとがいる。角のあるのが当然雄であろう。しかもクワガタムシやカブトムシの場合のように、その角の発達のよい個体と、悪い個体、つまり立派な堂々たる雄と、貧弱な雄とがいる。

わりあいおとなしそうな虫なのだが、試しに雄二匹の角を組み合わせてみると、何となく押し合いのまねごとをするのである。

「ほう、雄同士の闘争性もあるんだ。雌を争って喧嘩するんだろうなあ」

と、クワガタ、カブトの連想で考えてみたけれど、甲虫にしては、肢の具合や口器の形が少し変である。

ところが、イギリスで発行された、絵本のような昆虫の本を見ていると、この虫の貧弱個体がちゃんと出ているではないか。

それには「カメムシの仲間」と書いてある。その絵本は言わば入門書のようなものだけれど、大英博物館所蔵の、古くからの標本を使って作られていて、世界各地の珍しい昆虫が、センスよく図示されているのである。

さすが、広大な植民地を所有していた大英博物館の蓄積は凄い、とあらためて感心した。

57

スズメバチ

春　まだ浅い山里の、雪の積もった倒木を崩してみると、湿った腐朽材の中から様々な虫が掘り出される。すっかり凍りついてまるで死んでいるように見えるけれど、じっと動けないでいるだけの話であって、暖かくなりさえすればこのスズメバチも、たとえば米軍の戦闘機ホーネットのように、爆音をたてて飛び立つのである。いやスズメバチを戦闘機にたとえるのは比喩が逆で、Hornet というのは攻撃性のきわめて強いこのハチの名を、飛行機の方が借りたのである。

越冬しているスズメバチはいわゆる女王、つまり雌で、秋になって特大の育房の中で特別あつかいで育ったのである。蝶よ花よと育てられ、というのもおかしいが、その餌さえ働きバチから口移しに食べさせて貰い、巣の中の

仕事は一切手伝わずに大きくなったお姫さまが、同じようにして育った王子さまとの新婚旅行のあと、未亡人となって、というか、もはや不要となった夫が早々と死んだあと、厳冬の山中にとじこもっている。

そうして本格的に春が来ると、たった一匹で巣を作り卵を産む。その数三十四から四十四の最初の働きバチが一人前になるまでの間、女王様は手の荒れるのも苦にせず、ありとあらゆる家事にいそしむ、というわけである。

働きバチと育房、つまり六角形の個室の数は見る間にどんどん増えていき、ついには働きバチが千匹、育房が一万を超えるという。まさに高層の大集合住宅だが、その材料は、西洋人の言う日本の家ではないけれど、全部木と紙である。そして何とも便利なことに、この家は幼虫の緊急の食料にもなる。すなわち餌が与えられない幼虫は壁をカリカリかじり出す。ウエファースの段ボール製の部屋に赤ちゃんが住んでいるような具合なのである。しかしこの大邸宅も一年かぎりで捨て去られ、シラウオのような指をした新しいお姫様たちが晩秋の野山に飛び立って行く。

58

ムラサキシタバ

ヤママユガのように大型ではないけれど、胴体のシッカリした立派な蛾、それが、このムラサキシタバやシロシタバ、ベニシタバ、キシタバの仲間である。この仲間は「カトカラ」と言って、虫屋に人気のあるグループなのだ。昼間、木の幹などに止まってじっとしていると、樹皮にまぎれて、目の前にいても気がつかない。それが何かの拍子で上の翅を広げると、下の翅、つまり下羽《したば》の鮮やかな色彩が現れる。その色が種によってそれぞれ紫だったり、白だったり、紅だったり、黄だったりするので、こんな名前がついたというわけである。

カトカラのうちでも、ムラサキシタバとシロシタバは特に大型であり、ベニシタバとキシタバは種類が多く、小型である。

夏の夜、雑木林のクヌギの樹液が出ているところに行くと、カブトムシやクワガタムシ、カミキリムシなどに混じって、この蛾が樹液を吸っている。そうして、そのとき、この蛾は活発で、敏捷によく飛ぶのである。昼間じっと幹に止まって、触ったりしないと飛ばないのとは大ちがいである。

そんなところは、我が友人の低血圧の某君とそっくり。朝会うと、ぼーっと眠そうに、何を訊いてもナマ返事なのに、夜になって、こっちが帰って寝ようという頃になると、目はランランと輝き、「まだまだ、これから」と帰してくれない。しまいには、こっちの目の下が紫色になってしまうのである。

59

カブトムシ

大きいカブトムシと小さいカブトムシとは、これでも同種かと思うほど、体格も、角の発達具合も異なっている。しかし、小さい個体でも、もちろんれっきとしたカブトムシなのであって、それは人間に大きい人と小さい人がいるようなもの、つまり個体変異なのである。

カブトムシは強い。クヌギの樹液にクワガタムシなどが来ていても、その角を相手の身体の下にこじ入れるや、ぐい、と力を入れて撥《は》ね飛ばし、いい場所を占領してしまう。

カブトムシ同士の争いでは大きくて力の強いほうがたいてい勝つ。そうすると、大きい雄の子孫ばかりが残ることになる。

一体この、体格とほぼそれに正比例する角の大きさとはどうして決まるの

であろう。人間ならば、大きい人の子供は概して大きい。つまり遺伝的に決っているわけであり、また、戦時中の世代より、食糧の豊富な世代のほうが大きいところを見ると、子供時代の栄養も大いに関係があるようだが、カブトムシなども累代《るいだい》飼育して実験してみると、身体の大きさは主として幼虫時代の栄養で決定されるのであるという。

幼虫時代にはろくなものが食えず、成虫になっても大きな奴に屈辱感を味わわされるのでは、小さなカブトムシの雄は立つ瀬がない、と思われるけれど、そこはよくしたもので、小型個体は早く羽化して、いちはやく交尾してしまうそうである。そういえば人間の中にも小男で意外に手の早いまめな奴がいる。

いや、そんなことではなく、人間の場合、小さくても存在感の大きい人がいるものである。小村寿太郎は五尺そこその小男で、ポーツマス講和会議のとき、アメリカ製の椅子から足をぶらんぶらんさせるほどであったけれど、威厳では大男のロシアの外交官たちを終始圧倒していたそうである。つまりは気迫、というか、精神の問題なのである。

60

人面カメムシ

人間の顔というものは、人間の身体以外のものにくっついていると気味が悪いものである。

このカメムシが頭を下にして止まっているところを見ると、髪の毛をきれいになでつけ、口をぎゅっと結んで瞑目した男の顔に似ていて、何となく無気味な感じがする。インディアンの面とか、トーテムポールに彫られた顔に似ているけれど、これはマレーシアに産するカメムシである。昔、こんな虫がたくさん発生したら、不吉だといって人が騒いだに違いない。

アフリカのシジミチョウの仲間にも〝人面蛹〟といって、蛹に人の顔の浮き出ているものがある。クモの仲間にも人面の紋様のものがあるし、日本では瀬戸内海のヘイケガニが有名である。あのカニの甲羅には、怨みをのんで死んだ平家の武将の表情がきざまれているようで、怨霊などというものを信じる人々なら、あれがたくさん網にかかったりしたときには、供養のひとつもしたくなるであろう。

こんな風に人の顔に似た紋様を持っていることがしかし、何の役に立つのかは、よくわからない。これをつつこうとした鳥がぎょっとして逃げてしまうかどうかは実験して確かめてみる必要があるけれど、人面カメムシの実物は小さいものであるし、鳥がこれを見て人間を連想することは、多分、ないであろう。驚くのは、人間自身のみではあるまいか。

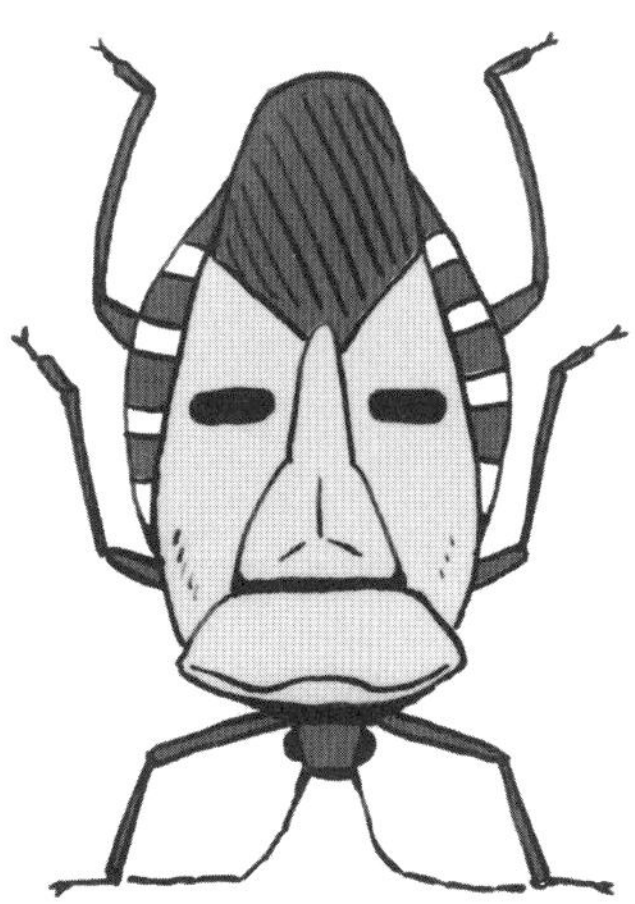

61

ツノゼミ

ツノゼミはその名のとおり、セミに近い昆虫で、口はストローのようになっていて、植物の茎にそれを差しこんで汁を吸う。

体長は数ミリ。セミよりずっと小さいけれど、背中にちょっと信じられないような形の突起をつけている。

南米、中南米には沢山の種類が分布していて、背中の突起の大きさや形も種々様々である。

しかしどうしてこんな複雑なものが背中にくっついているのか、なにかの役に立つのか、それとも結局役には立たないのか、それがさっぱりわからない。

人間があれこれ考えてもしかたのないことであるけれど、沢山の種類のツノゼミがそれぞれうまく生活し、繁栄しているところをみると、背中のこの〝角《ツノ》〟にはなにかの意味があるに違いない。少なくともこの虫が生活していく上で邪魔にはならないらしい。

単純な形の角を持ったものは、それが沢山集まって植物の汁を吸っていると、その植物自身のトゲのように見えるけれど、複雑な形のものとなるといったいどうしてこんなものが、と誰でも首をかしげたくなる。

学者の中には「暴走進化」という考えで説明しようという人もいる。つまり進化が一定方向に走り出して止まらなくなる、というのである。

いずれにせよ、自然の創造力は、人間の想像力をはるかに超えている。

62 タマムシ

榎《えのき》は虫たちにとって、よくよく美味しい植物であるらしい。その葉を、蝶の仲間ではオオムラサキ、ゴマダラチョウ、テングチョウ、ヒオドシチョウの幼虫が食べて育ち、木が枯れるとその材の中に、タマムシの幼虫が孔《あな》を穿《うが》ってひそむ。

いずれも美しい蝶または甲虫で、ひょっとすると榎には、「美の素」とでも言うべき物質が含まれているのかもしれない。

榎は実もまた熟すれば食べられる。昔の一里塚にはこの樹が植えられたもので、三十年もすれば亭々とそびえ、枝葉を茂らせて旅人に緑陰を提供した。百年経てば大榎である。

玉虫を浅草餅の子が見付け

江戸時代、浅草伝法院の山門の南に大榎があり、その下に浅草餅の店が出た。それでこんな句が残っているのである。江戸市中には、今の東京とは違って自然が豊かに残っており、榎さえあればタマムシがどこからか飛んできた。そうして親虫が大榎の葉っぱに止まり、また枯死した枝に卵を産みつける、というような光景が、少し注意深い人の目には止まったのである。いや、特に注意深くなくても、きらきら陽光を反射するタマムシは誰の目にも目立つ。もちろんこの句の作者がこんなことに目を向け、句に詠むのは、自分の子供の時代に玉虫をつかまえて遊んだからなのに違いない。

63

キシタアゲハ

キシタアゲハ、つまり下翅《したばね》が黄色いアゲハというのがこの蝶の名前だが、実物はむしろ黄金アゲハとでも呼びたいぐらい、豪華絢爛たる蝶である。昔の島田啓三のマンガに出てきた、世界でただ一匹のゴールドアゲハの、まさにモデルのようである。

東南アジア一帯にこの仲間は広く分布し、沢山の種類があるけれど、二種類が台湾とその属島にいて、戦前は昆虫少年が等しくあこがれた貴重種であった。といっても、戦中生まれの私が実際に知っているわけではないのだが、戦前発行の原色昆虫図鑑の開巻劈頭《かいかんへきとう》に、麗々しく、かつうやうやしくその原色写真が掲げてあった。

その図を毎日毎日、飽かず眺めながら、こういう蝶を、自分が手に入れることは一生ないだろう、と小学四年の私は思っていたけれど、私の昆虫熱を知る父が、ある夜、雌雄二頭のキシタアゲハの標本を大阪の阪急デパートで買ってきてくれたのである。

それは戦前台湾にいた採集家が放出した古い標本で、ラベルには日付と、台湾南部の「クラル」という地名が記されてあった。

まぢかに見るキシタアゲハの美しさと存在感はまた格別で、前翅の黒はあくまで深く、後翅はまさに金張りであった。所有することのよろこびを私はこのとき深く知った。

それ以来、この一対のキシタアゲハは、私の宝物になっている。後に台湾はおろか、世界中の昆虫標本がどんどん日本に入ってくるようになり、私の標本室は充実したけれど、これは今も特別の場所に大切に収めてある。

64

ルリボシヤンマ

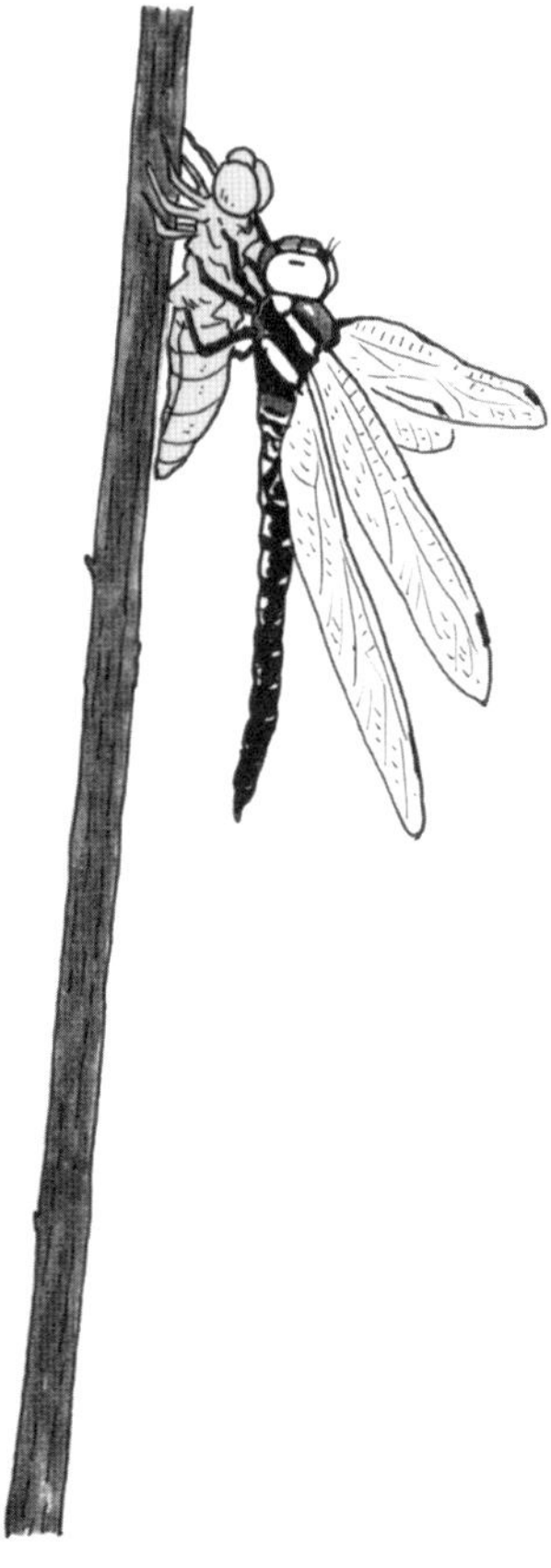

蜻蛉も蝶も、明け方に羽化する。私は子供のときからよく虫を飼ってきた。羽化直前の、中に小さく縮こまっている蝶の翅の紋様が透けて見える蛹を、今出るか、今出るか、と夜遅くまで見守っていても、一向にその気配がない。ついにこちらはくたびれて寝てしまう。すると翌朝、私が目を覚ます頃には、蛹は裳抜《もぬ》けの殻《から》となり、かえった蝶が飼育箱の金網でバタバタあばれていた。羽化の瞬間はなかなか見ることができなかったものである。蜻蛉の場合も同じであって、それは、明け方というのが一番安全な時刻であるからなのか、あるいは生物《いきもの》の誕生と潮の満干《みちひ》との間に何か関係でもあるからなのか。

蜻蛉の幼虫はもちろんヤゴであって、水中に棲んでいる。小さい頃はミジンコを食べ、大きくなるにつれボウフラ、イトミミズと、常に分相応の餌を選ぶが、大型種のヤゴともなれば、しまいにはオタマジャクシや小魚までもつかまえて食べる。ヤゴが水中のボウフラを、親の蜻蛉が空中の蚊を食うのであるから、蜻蛉は模範的な益虫と言わなければなるまい。しかし、蜻蛉の増えるのはいいが、蚊の増えるのは困ると人間は言う。一方だけというのは、本当は少し無理なのである。ヤゴは水底に潜んでいて、獲物が射程内に入ると折りたたみ式の下唇《かしん》をスパナのようにさっと伸ばして、その先の鋭い牙でつかまえる。こういうヤゴの顔を「捕獲仮面」と言うそうである。

さて、夏の味爽《まいそう》、水辺の植物の茎を這い上がったヤゴの背が割れ、これまでとは似ても似つかぬ、優美そのものの、ぴかぴか輝くような蜻蛉がその中から現われる。この優美さは、しかし鷹や豹などにも通じる。捕食者特有の残酷さ、といって悪ければ精悍さに基づくものである。ルリボシヤンマの仲間は少し寒いところを好み、西欧にも分布する。スコットランドの夏、麦刈りの頃に出現する青い大きなドラゴンフライというのはこの蜻蜓《やんま》のことである。

65

コノハムシ

子どものための昆虫絵本を作ったとき、クイズのつもりで、

「この写真の中には虫が何匹いますか」

と問題を出したのはいいけれど、正解はいったい何匹なのか、私もちょっと心配になったことがある。だから答えは発表しないことにした。大学の入試問題と同じである。

コノハムシは、身体全体の形が木の葉に似ているばかりではなく、肢なども平たく、飾りがついていて、まったくどこからどこまで木の葉そのままである。写真に撮ってじっくり数えたりすればまだしも見分けがつくけれど、広大なジャングルの梢にこの虫がいて、虫喰いの痕《あと》まで木の葉をまねてじっと止まっていると、まぎらわしくてとても発見できるものではない。

「浜の真砂」とは数の多いもののたとえだが、その真砂ならぬ、ジャングル内でいちばん数の多い木の葉に擬態するとは、考えたものである。せまいところにたくさん飼っていると、この虫はお互い同士かじりあうというけれど、それは別に共食いをするつもりではなくて、本当に仲間を木の葉と間違えているのではないかという気がしてくる。

さて人間の大都会では何に擬態をすればよいか、と考えてみると、それはやっぱり都会でいちばん数の多い生き物、すなわち人間に、ということになる。

新宿や渋谷を歩いている群衆の中に、ひょっとしたら人間に擬態した別の生物がまぎれ込んでいるのではないか。昔、新聞などで話題になった新人類というのが、ひょっとしたらそれではないか、と思うことが、この頃ときどきある。

66

カブトムシとノコギリクワガタ

「八卦よいっ、残った、残った」とカブトムシが行司をし、クヌギの老大樹の上で、別のカブトムシとノコギリクワガタが、樹液の出るいい場所をめぐって争っている……そういう光景は、しかし、もうめったに見られなくなった。かつて里山の雑木林は、炭や薪《まき》を取るための林、つまり薪炭林であった。

クヌギは丈夫な木で、伐り倒しても切り株からヒコ生えが生長してきてまた大きな木になる。炭も薪もあまり太い木でないほうがいいので、直径十センチぐらいになるとまた伐り倒すということを十数年に一度くりかえしていたのである。

山梨県地方では、木の根元のほうではなく、ずっと上で伐っていたので、太い台木が残ることになった。数百年を経た見事なものを今でも見かける。

ところが今では炭も薪も需要がほとんどなくなり、そのかわりにクヌギは、シイタケのほだ木にされるようになった。シイタケを栽培していない土地では、雑木林をすっかり伐り払ってしまうようになっている。

さてカブトとクワガタどっちが強いか。それは樹上では、カブトムシが断然強い。長い角をクワガタの腹の下に差し込んではね飛ばしてしまう。しかし、籠《かご》の中では大腮で挟《はさ》むクワガタが強い。ノコギリクワガタはしばしばカブトムシの兜のすきまから大腮をさし込み、首を挟んでちょん切ってしまうことがあるから、一緒に飼うときは御用心。

67 軍隊アリ

「にんじん」などの作品で知られるフランスの作家ジュール・ルナールは、『博物誌』の中で、アリを数字の3にたとえている。そうしてその数の多さを、

どれくらゐかといふと、333333333333……ああ、きりがない。

と驚いてみせた。(岸田國士訳)

しかし、アリの中でもほんとうに多数のものが行列するのは、南米の「軍隊アリ」や、アフリカの「さすらいアリ」で、その一つの群の数は数千万匹に達するのであるから、いちいち数えていたのでは、実際にきりがない。

それだけの数のアリの大軍が行進して、「じゅうたん爆撃」ならぬ「じゅうたん攻撃」を加える。だから、通り道にいて逃げ遅れた生き物はみんな獲物にされてしまう。

アンリ・シャリエールという人の書いた『パピヨン』という〝実話小説〟には、南米のフランス領ギアナでの、この軍隊アリを使った殺人事件の話が出てくる。ギアナは、フランス本土から犯罪者らが徒刑囚として送られた土地である。

ある男が日頃から恨みを抱いていた相手を、思いきり残酷なやり方で殺してやろうと考えた。それで、軍隊アリの通り道に、相手を縛っておいたというのである。あとで行ってみると、白骨が空をつかんでいた。

この小さな鋭い牙で肉を少しずつ、少しずつ食いちぎられたのではたまったものではない。それぐらいならライオンか何かに、一撃のもとに打ちたおされる方がはるかにまし、というものである。

68

ツユムシ

白玉かなにぞと人の問ひし時／露と答へて消えなましものを

キリギリスの仲間と、バッタの仲間とはどう違うかと言えば、触角の長いのが前者で、短いのが後者、ということになっている。そのキリギリス類の中でも、身体が細くて華奢で、『伊勢物語』のこの歌ではないけれど、それこそ「つゆ」と答えて消えてしまいそうなのをツユムシと言っている。

その名を列挙すれば、アシグロツユムシ、セスジツユムシ、ヘリグロツユムシ、ヒメツユムシ……となかなか沢山の種類がある。藪の中の木の葉の上や、草原の植物の茎につかまって、ジーとかチ、チ、チ、とかシュルルルツ、ツ、ツ、チキ、チキ、とか、かそけき声で鳴いているけれど、一度その声に

気がつくと、今度は聴力テストの人工の音のように、声が耳の中に入り込んできて、しまいにこっちの頭の中で鳴いているような気になってくる。聞こえるといえば非常に大きな音のようにも聞こえるけれど、聞こえないといえば聞こえない。音を神経で聴きだすとやっかいなことになる。

ツユムシを含むこのキリギリスの仲間は、昔から人に親しまれてきたのであって、代表的なのはギース、チョンのキリギリス以外に、クツワムシ、ウマオイなどがある。この二つとも馬に関係のあるところが面白い。クツワムシは馬の轡《くつわ》のガチャガチャいう響きに似た声で鳴くからそう名付けられたのであろうし、ウマオイは、そのスィッチョという鳴き声が馬子の馬を追いたてる声に似ている、というのである。

夏の暑いさかりに新興住宅地に人を訪ねていって、やっとのことで探しあて、近所の空き地から聞こえるギース、チョンという声を聞きながら、炭酸の泡がのどに刺さるような冷たいサイダーを御馳走になる。永居をして、夜は夜で、ツユムシやクツワムシの声を聞き、ビールを飲む。しかしこの仲間にはクダマキモドキなどという妙な名の虫も本当にいる。

69

ヨナグニサン

ヨナグニサンは世界最大の蛾であり、翅の表面積から言えば、昆虫全体の中でも、世界最大級である。

大きなものでは翅を広げたときのさしわたしが三十センチを超える。飛んでいるところはバサバサと実に迫力があって、蛾の嫌いな気の弱い女性など、ひょっとしたら失神ぐらいするかもしれない。

ところで今では、カイコに一種のホルモンを使って、普通の場合より、もう一回多く脱皮させ、特別に大きなカイコを作ることができるようになっている。こうすれば、カイコがサナギになるとき、太い糸の、大きなマユを作るのである。

だから、と私は考えるのであるけれど、ヨナグニサンはヤママユガ科に属する。そしてヤママユガの仲間は、カイコガに近いものであるから、恐らくカイコガに効くホルモンなら、このヨナグニサンにも効果を現わすはず。そのホルモンをヨナグニサンの幼虫に使って、もうひとまわり大きな幼虫を育ててみたらどうであろう。その幼虫からは、この世界最大の蛾よりさらに巨大な、モスラのような奴が羽化してくるだろう。

その名前も、私はすでに用意していてフロシキヨナグニサンというのだが、真剣に研究しているカイコの学者の中には、そんなことを実験してみる気のある人は、今のところいないようである。

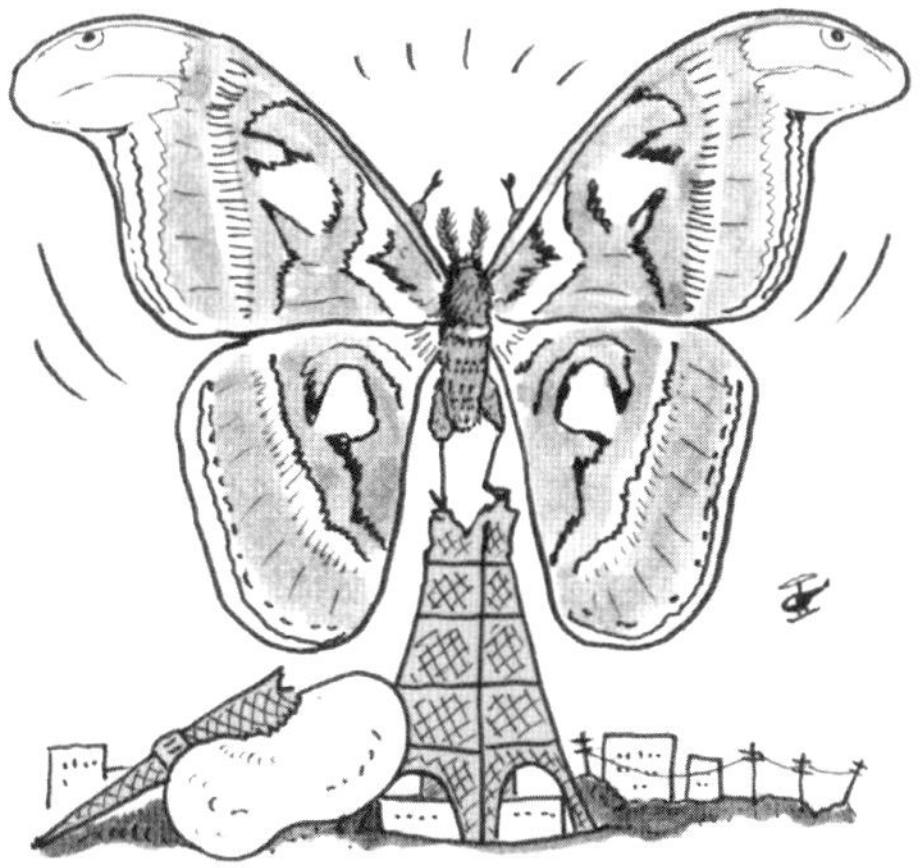

70

ハキリアリ

人間が農業を始めたのは何万年かの昔のことだが、昆虫の中にはそのはるか以前、おそらくは何億年も前から、農業を営んでいるものがいる。

このアリは大群をなして巣から出動し、葉を大きく、くるりときれいに切り取る。南米の農園やコーヒー園では、このアリによってたちまちのうちに作物の葉が丸坊主にされ、大被害を受ける。丸く切り取った葉を高々とかかげて巣に帰ると、働きアリがそれを細かく切りきざむ作業にとりかかる。

ビゼー作曲のオペラ「カルメン」の主人公は、タバコ工場の女工さんだが、あのカルメンのように気の強い働きアリが、巨大な巣の中にそれこそ蝟集《いしゅう》していて、細かく細かく葉を切りきざむ。それを部屋の中央に積み上げておくと、そこに小さな白い玉がたくさん生じてくる。これがキノコなのである。

アリは切り取った葉をそのまま食べるのではなく、それを培養基にして菌類を栽培し、そっちの方を食べている。人間のマッシュルーム栽培とまったく同じことである。

新しい女王アリが生まれて巣から飛び立って行くときには、口にキノコを一つくわえている。やがて自分の巣を作るときの大切な種になるキノコなのである。キノコがいっぺんに大きくなったのでは困るというので、キノコの生長をコントロールする物質までアリは出しているというから〝豊作貧乏〟に泣く人間以上かもしれない。

71

ヒカリコメツキ

もはや死語になってしまったのかもしれないけれど、「螢雪の功」という言葉がある。「螢雪の功空しからず」というふうに、よく勉強して試験に合格した時などに使うことになっている。

もっとくどく言えば、卒業式に歌う「ほーたーるのひーかーり、まどのゆーきー」の話であって、昔、晋の国の車胤《しゃいん》という人が、ホタルをたくさん集めてその光で本を読み、孫康《そんこう》という人が窓の雪あかりで勉強した故事に基づく。

ところで、実際にそんなことが可能かどうか、という疑問がある。日本でホタルを集めて新聞を読もうと実験してみたら、二千匹が必要だったというような話を読んだことがあった。今の日本で二千匹のホタルを集めようと

思ったら、とても勉強しているヒマなんかないことになる。

しかし中国の南部ならば、日本のゲンジボタルよりもはるかに大型の、タイワンマドボタルなど、光の強い種がいるはずで、そんな大型ボタルを使うなら二千匹も集めなくてもちゃんと本は読めそうである。それに昔の漢籍は字が今よりずっと大きかった。

中南米にいるこのヒカリコメツキは、どんなホタルよりも光が強く、二、三匹で本が読める。昔の現地人は、足の先にこれをつけて夜道を歩いたという。もっとも、彼等の眼は、われわれの眼よりずっとよくて、夜目がきいたであろう。

活字の大きさの話で思い出したが、本のあいだから、古い新聞の切り抜きが出てきて、その字の小ささに驚いたことがある。昔の文庫本、文芸誌、みな活字が細かい。日本に若者があふれている時代だったのだ。

72 ヤママユガ

触角のことを英語でアンテナと言うけれど、その語源はラテン語であって、本来は、地中海を航行していた古代の帆船の、細長い帆桁《ほげた》を指したらしい。それが十七世紀の終わり頃から、昆虫の触角を指す語として使われるようになった。

やがて人間が電波を利用するようになると、それを受信する装置のことをアンテナと言うようになったのである。じっさいに昆虫の触角は、音波か匂いの微粒子を、きわめて敏感に受けとめる器官のようであって、アンテナの発明は人間より虫のほうが、はるかに早いということになる。

ヤママユガの雄がこちらを向いて止まったところを見れば、二本の櫛鬚《くしひげ》状《じょう》の触角がじつに見事に発達していて、テレビのアンテナをずっと複雑にしたような形をしている。

これに対し、雌のヤママユガの触角は、細い弓形の、絵に描いたような、これこそ本物の蛾眉であって、おそらくその働きも、雄の持ち物ほどではあるまい。繭から生まれた雌の蛾は、体から性フェロモンを放散する。すると雄どもが近郷近在からかけつけて言い寄るというわけである。

この大きな蛾の幼虫は巨大イモムシで、じつによく食べるが、成虫になるとものを食おうにも、口が無くなってしまう。だから蛾は、もはやエネルギーの補給をせず、いわば電池方式で飛んでいるのである。

73

スカシジャノメ

雨傘というものは昔に比べるとずいぶんと安くなった。急に降り出しても、駅などで透明なビニール製のものや、ボタンを押せばパッと開く、片手で扱えるいい傘が千円前後で売っているから心配はいらない。

上等の傘を大切に持っている人もめったに見かけないし、からかさ、蛇の目傘などというものをさしている人も、この頃は見たことがない。

童謡にある、「蛇の目でお迎え」にきてくれる母さんは、もちろん、婦人の大半が日常生活において和服を着ていた時代の母さんである。洋装に蛇の目は似合わない。

そして、ジャノメチョウという名をつけた学者もまたその時代の人なのである。ジャノメチョウの仲間は、渋い焦茶《こげちゃ》の地に、眼状紋があって、その紋様がつまり蛇の目紋様というわけである。暗い竹藪の中などをちらちら飛んでいるジャノメチョウの仲間は、どれも地味であって、蝶というよりはむしろ蛾か何かのように見える。

ところが、南米に行くとこのジャノメチョウの仲間でさえもが派手に美しくなって、このスカシジャノメなどがジャングルの中を飛ぶさまは、まるで「不思議の国のアリス」にでも出てきそうである。

もっとも見方によってはこの蝶も、駅で売っているビニール傘に赤や紫の色が部分的についているようでもある。

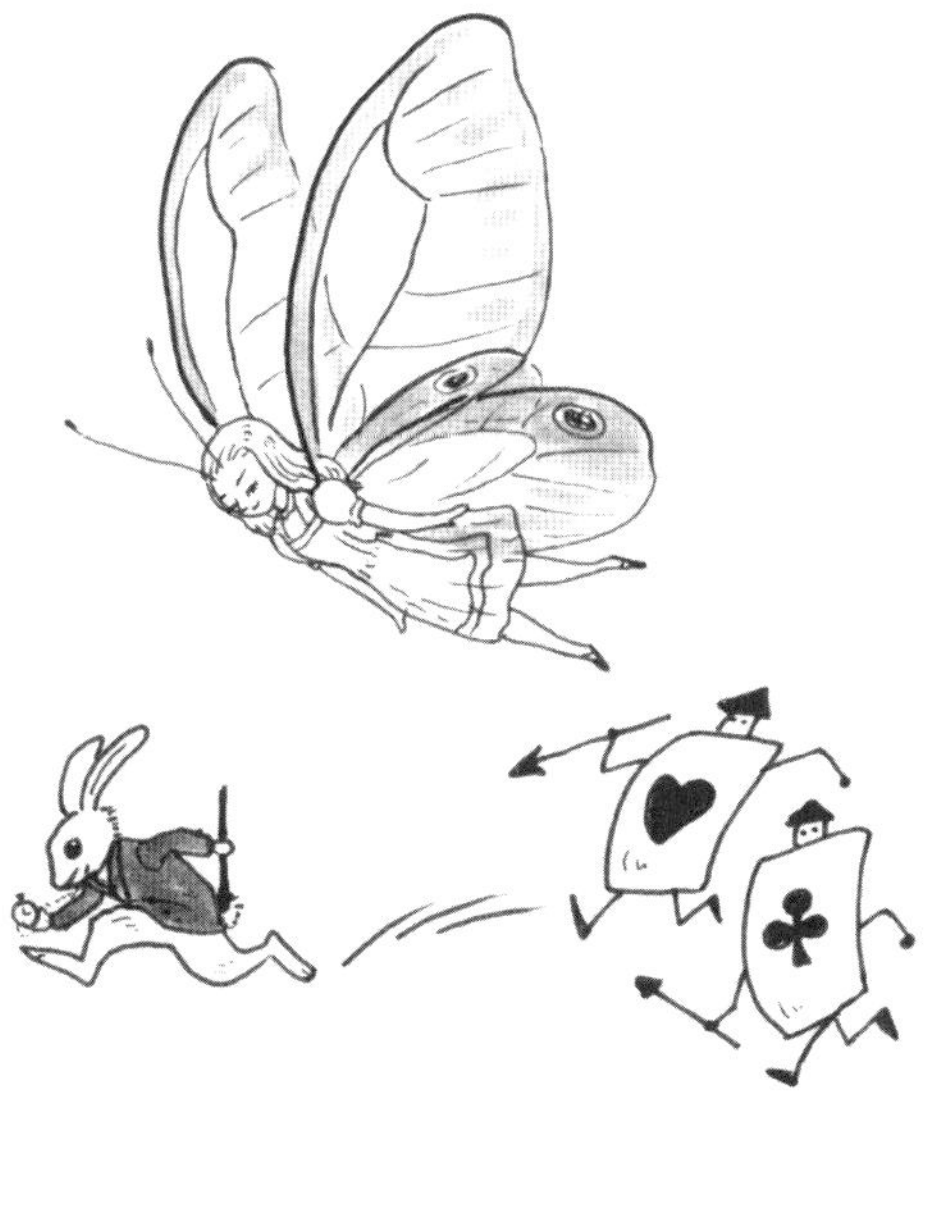

74

ツムギアリ

ガリヴァーが目を覚ましたとき、彼は、自分の手足のみならず、髪の毛までもが、房に分けて紐でしばられ、地面に打ちこんだ杭にしっかりと結びつけられているのに気がつく。

小人の国リリパットで、捕らえられたガリヴァーと同じような目にあっているのが、この中央にいる蟻である。

種類のちがう蟻同士が道で出会えばかならずケンカになる。種類どころか巣が違っても蟻たちは争う。一対一なら、もちろん大きい方が強いけれど、小さい方の数が多ければ、小人が寄ってたかって襲いかかるように、手取り足取り、六本ある肢のすべてをくわえてぐいぐい引っ張り、おまけに二本の触角までつかまえている。これではもう、大きい方の蟻も降参するしかあるまい。

　しかし、「かんにんしてくれー、まいった」と言っても、おそらく小さい方の蟻（マレー産の樹上に棲むツムギアリ）は許してくれまい。大きい蟻の手足をすっかり食い切り、だるまのようにしてから息の根を止めてしまうこともあるというから恐ろしい。

　このアメ色のツムギアリという蟻はずいぶんと兇《きょう》暴《ぼう》で、木の梢についているボールのような巣にうっかり触ると、ばらばらっと巣から出てきて、「なんだ、なんだっ」と、ヤクザの事務所にピストルを撃ちこんだような大騒ぎになる。しかも噛まれると非常に痛いから、東南アジアの森に入るときは気をつける必要がある。

75

ユカタンビワハゴロモ

自然界にはいろいろと偶然の一致があるけれど、ワニの顔が頭部にくっついている中南米産のユカタンビワハゴロモの場合なぞは、本当に偶然なのかどうかわからなくなる。

まるで意図してワニのハリボテをつくり、それに目などを描き入れたようである。じっさいにワニのいる地域に棲む虫であるから、これでほかの動物を威そうとしているのではないか、と誰でも考えてしまうであろう。

この虫の正体は、セミやウンカに近いもので、頭の部分は中が空っぽで、軽くできている。

羽をひろげて、パーッと飛ぶこともでき、しかも、静止状態では隠れている下の羽には、大きな目玉模様が描かれている。鳥がこの虫を見つけてつつこうとすると、虫はパッと羽を開く、するとフクロウのような恐ろしい目玉をした顔が突然現れる。鳥はぎょっとして逃げてしまう、という仕掛けである。

現地ではこの虫を「マリポーサ・カイマン」とよんでいる。マリポーサが蝶、カイマンがワニというわけである。

同じように偶然なのか意図的なのかわからないものに、東南アジア一帯に産し、日本では与那国島に産するヨナグニサンという、世界最大の蛾がある。こちらのほうは巨大な羽の先端が尖り、そこに蛇の顔が浮き出ている。

しかし、ワニや蛇自身がそれを見て、いったいどう感じるか――多分、何も感じまい。絵や単純化された模様を見て、実物を連想するためには、高度な知能が必要だからである。

76

テナガカミキリ

虫の中には、いったい何のためにこんな奇妙な形をしているのだろう、と首をかしげたくなるようなものがいる。

前肢や後肢が長く伸びた甲虫も、そんな不思議な虫のひとつで、このテナガカミキリはその代表とも言うべきものである。

南米に産し、幼虫はゴムの木の中に食い入って、その材を食べる。成虫の頭から尻まで、七センチを超える大型のカミキリであるから、幼虫も巨大なもので、それがたくさん木の中に食い入ると、ゴムの木はそのために枯れてしまう。だからゴム園の大害虫である。

ただし、この幼虫が大好きなキツツキの一種がいて、大きく育ったころ、ゴムの木に飛んでくる。そして外からどうやって、中にいる幼虫の存在を知るのか、カカカカカと、強いクチバシでつついて穴をあけ、引っ張り出して食べてしまうという。

テナガカミキリの背中には、人間が描いたような模様があるけれど、それが古いイタリア喜劇の道化役アルレッキーノ（英・ハーレクイン、仏・アルルカン）の派手な衣裳にそっくりなので、フランス領ギアナなどでは、「カイエンヌのアルルカン」と呼ばれていた。カイエンヌはギアナの首都で、現地産トウガラシの粉もまたカイエンヌと呼ばれている。

この虫が木の幹を歩くときなどは、長い前肢が邪魔になるように見えるけれど、交尾しているところを見ると、じつにしっくりいっているようである。

77

エゾゼミ

エゾゼミという名が示すとおり、これは寒い土地の好きなセミである。信州などでは、標高が六百メートル以上の山で鳴いていることが多い。

このセミが「ギー」と鳴いている木の下で手を叩いたり、大きな音を出したりしてびっくりさせると、飛び立つかわりにすごい勢いで下に落ちてくる。普通のセミとはちがって、頭を下にしてさかさまに木の幹に止まっていたり、木の枝に背中を下にして止まっているから、あわてて飛び立とうとして下に落ちてしまうのである。

そんな止まり方をするのなら、はじめからちゃんと、上に飛び立つ方法を身につけていればよいものを、このセミの仲間は、先祖代々、あわてて下に落ちては地面で頭を打ってきたのであろうか。だから木の下の草むらでバタバタしているのを手でつかまえることができる。

手に取ってよく見れば、まことに美しい色と模様をしたセミで、柔らかいヒノキのような材料にノミを振ってセミを彫ることの好きだった、高村光太郎のような人に見せてあげたいという気がする。いや彼は戦後何度も東北の隠棲地でこのセミを見ているかもしれない。

この仲間にはエゾゼミ、コエゾゼミ、アカエゾゼミ、キュウシュウエゾゼミと、いろいろな種類があって、いずれも透明な翅を持ち、黒い体に柿の朱のような縁どりと、Wの字の模様を背負っている。

78

アカエリトリバネアゲハ

何という豪奢な蝶であろう。

まるで深紅と黒と金緑色のビロードで拵《こしら》えたもののようである。いや、人間の想像力では、とてもこれほどのデザインは思いつくまい。

熱帯のジャングルの中で、未知の、こんな蝶がいきなり目の前に現れたら、どんな気がするだろう。今まで誰も記録したことがなく、どんな本にも書かれていない蝶、つまり新種であり、しかもそれが途方もなく豪華なのである。

この蝶の発見者はアルフレッド・ラッセル・ウォレスという十九世紀イギリスの博物学者である。ウォレスはダーウィンと同じ頃に進化論を提唱したことで知られるけれど、そんな理論などなくとも、採集家としての彼は十分に幸福であったに違いない。彼の経巡《へめぐ》った東南アジアの島々には、神の手によって〝彼のために〟蝶や甲虫や鳥の新種がいくつもいくつも用意されていたからである。

この蝶に彼はオルニトプテラ・ブルーケアナという学名を付けた。オルニトが「鳥」、プテラが「翅」で、「ブルック氏の鳥翅蝶《とりばねちょう》」という意味である。なるほど、この蝶の翅は、ビロードのように厚く、鳥の風切り羽根のような模様がある。だから、英語でもバードウィング・バタフライと言っている。献名されたジェームズ・ブルックはウォレスと同じイギリス人で、ボルネオ沖の海賊を鎮圧してサラワクの領主となり、遂にはブルック王国を建設して自らその国王となった冒険家である。

79

ノコギリタテヅノカブト

ずっと昔、この甲虫の標本を初めて手に入れたときに、「こいつはいったい、どうやって歩くんだろう」と思った。日本のカブトムシと比べて考えたのである。カブトムシがもし飴細工でできていたとして、その角も六本の肢も、指でつまんでヒューと伸ばしたらこんな具合になる。

木の幹を歩くにしても地面を歩くにしても、このカブトムシの場合は手肢が長すぎて邪魔になるだろう。その長さをもてあましながら、そろり、そろり歩いて、生存競争の激しい南米のジャングルでどうやって生きていくのか。猿か鳥につかまって、あっという間に食べられてしまうのではないか。何故こんな不思議な姿に進化、あるいは特殊化してしまったのであろう……。

昆虫の中には奇妙奇天烈な、まったく訳の分らぬ姿、形をしたものがいるけれど、その習性が解明されてみると、なるほど、そういう生活をするためには、こんな形が合理的だ、それにしても、よくもここまで姿を変えたものだ、と納得し、感心するようなものが多い。

このノコギリタテヅノカブトの場合もそれで、細い竹の先につかまり、新芽の汁を吸ったりするこの虫にとって、こんなひょろりと引き伸ばされた手肢はしごく具合がいい。別の雄が下から登ってきたときには、竹のポールにしっかり止まり、長い前肢をぶんと振って相手を追い払う。何となく昆虫界の手長猿といった風情がある。

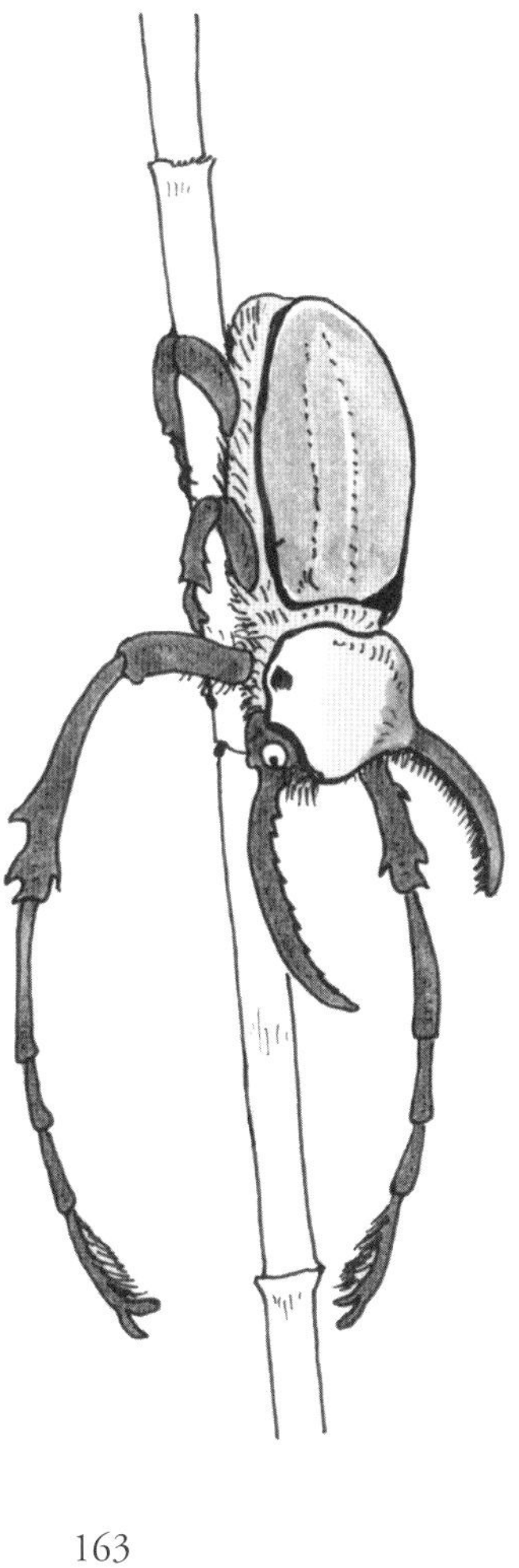

80

モモブトオオルリハムシ

前肢の長い甲虫というのは、カミキリムシの仲間や、コガネムシの仲間にわりあいたくさんいる。

カミキリムシでは、日本のシロスジカミキリもけっこう長い前肢をしているが、その親玉とも言うべき巨大カミキリ、ニューギニアのウォレスオオカミキリなどは、驚くほど長大な、しかも湾曲した前肢を持っている。

そしてコガネムシでは、台湾やマレーに棲むテナガコガネが、その名のとおり長い前肢の持ち主である。

相撲で言えばちょうどかつての曙関の感じで、あの長い両手をわっと伸ばされたら、とてもふところにはとび込めないけれど、こういう巨大甲虫の雄同士も、雌を争って闘うときには、長い前肢を振り立てて相手を威嚇《いかく》するようである。

しかし、後肢となるとどうもよく解らない。このモモブトオオルリハムシのように太く力強い後肢を持ったものは、他に中南米やコルシカ島のコガネムシにもいるけれど、捕食者の指を、トゲのある膝のあたりでぐっと挟むぐらいのことしかその用途は思いつかない。

ただこれらの虫においては、腿《もも》が太くて立派であればあるほど雌がそれに性的魅力を感ずるというのなら、話はまったく別である。

虹色に輝く雄のふとももの魅力に雌がぐっとくる、などと人間の男が想像するのは、それで答が合っているような、間違っているような……。

81

キゴマダラ

アジアの各地を歩いていると、たまに日本そっくりの風景に出合うことがある。正確に言うと今の日本にそっくりなのではなくて、もう失われた、というか、少し昔の日本にそっくり、つまり古きよきアジアの農村風景である。ラオスの田舎で、まさにそんな風景があった。谷間に小川が流れ、水田が作られている。気候も、春の日本ぐらいの暖かさである。

日本と違っていたのは、川から水を引くのに、竹や木をくり抜いたものを使うのではなくて、砲弾を二つに割ったものを使っているぐらい。その砲弾はアメリカ軍のプレゼントであって、ベトナム戦争の時、ホー・チ・ミン・ルートを断つために大量に投下されたものである。その不発弾の信管を抜き、火薬を取り出して、いろいろな用途に用いているわけである。それにしても、よくまあ、文字どおりの弾雨の中で、人々が生き残れたものである。風景がそっくりで、日本と共通の蝶もいたけれど、さすがにラオスは大陸であった。中国やタイ、ビルマ（現ミャンマー）との共通種のほうが多い。

キゴマダラという美しいタテハチョウを発見した。日本には産しない名蝶である。道の真ん中の獣糞《じゅうふん》に止まっているのを同行の自然写真家が激写した。プロのカメラマンというものは、ずいぶんとフィルムを使うなあ、と捕虫網をかまえて私は待っている。さあ撮った、もういいか、と私が網を伏せようとした瞬間、キゴマダラは飛び立って、何と捕虫網の柄にコツンと音がするほど激しくぶつかり、大慌てで飛び去ってしまった。

82

シロスジカミキリ

髪切り虫か、紙切り虫か。この顔を見ていると、鋼鉄の板でも嚙《か》み切ってしまいそうに思われる。

シロスジカミキリとかゴマダラカミキリとか、大型のカミキリムシをつかまえたら、実際に髪の毛の束《たば》をあてがって実験してみると面白い。「女の髪は象をも縛《しば》る」という。それほど強い女性の黒髪を五、六本、束にしたものでも、カミキリムシは何の苦もなくブツリと嚙み切ってしまう。だから本当の名の由来は、嚙み切り虫とでもいうところか。

日本最大のカミキリムシはシロスジカミキリだが、夜クヌギの幹などにこれが止まっているのをつかまえようとすると、長い触角を振りたて、首筋のあたりをこすり合わせてギイギイと鳴きながら、鋭い牙をぐわっと開いて向かって来る。その姿には、いったん出した手を思わず引っ込めてしまうほどの迫力がある。

この牙は、しかし、敵を襲って食うためのものではない。カミキリムシは親も幼虫も、植物をかじって暮らしている。幼虫時代は木の中にいてその材を食い、成虫になってからは新芽の茎を少しかじったり樹液を吸ったりする。マキ割りをしているとパカッと割れた中から出てくるテッポウムシというのがその幼虫である。昔、山国ではこのテッポウムシを焚火で炙り、醤油をつけて食べたという。脂肪分がとろりとして旨いらしい。

カミキリムシの雌は少し弱った木の樹皮をかじって卵を産みつけるから、この牙、つまり大腮は、木工用の刃物なのである。

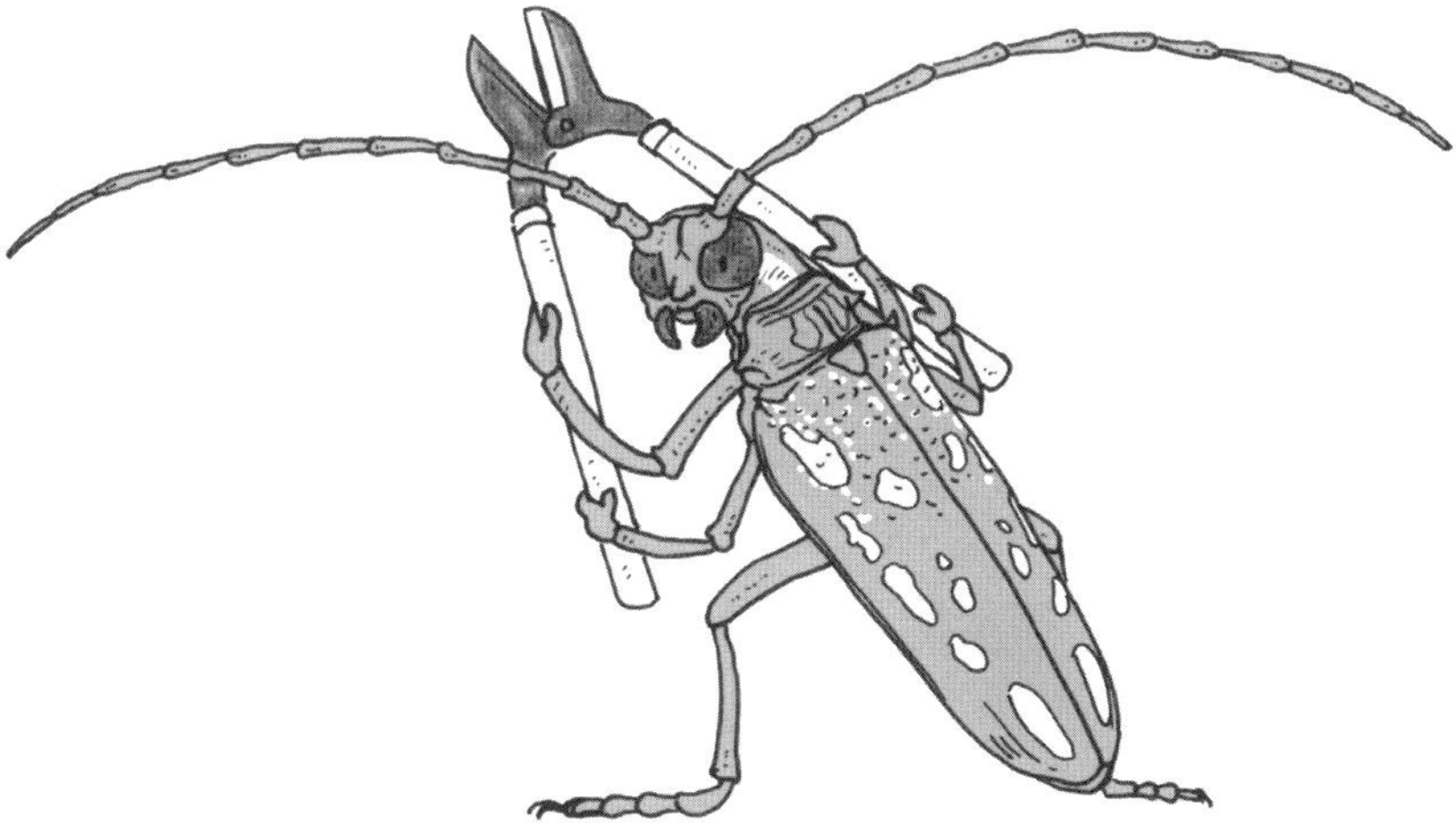

83

ヒメカブト

タイ北部の古都チェンマイに、四百年もの昔から伝わるという、一つの競技がある。日本で言えば盆踊りの櫓の上に、一本の丸太を横たえ、両側に男が座っている。そうして中央には、二匹のカブトムシが対峙するように丸太に止められている。カブトムシの角力《すもう》なのである。

男は二人とも、水牛の角か固い木を削って作った、一方が四角く、他方が細くなった小さな棒を手にし、それを丸太の上に小刻みに転がすように打ちつけて、コロコロコロという音を出す。すると二匹のカブトムシは、まるで闘いの太鼓を聞いた戦士のように、あるいは闘牛場に引き出された雄牛のように、頭部をぐっと下げ、ファイティング・ポーズをとるのである。

この競技に使われるのはヒメカブトという種類で、日本産のカブトムシよ

りは小柄であるが、なかなか闘争心の旺盛な奴である。背中の角が大きく発達し、そのかわり頭の角が日本のものより短い。日本のカブトムシなら、その長い角を相手の身体の下にこじ入れた方が、テコのようにそれを使って、そのまま相手を撥ね飛ばし、一気に勝負がついてしまうけれど、タイのカブトムシは、がっぷり四つに組んで、互いに相手を持ち上げようと渾身《こんしん》の力をふりしぼる。まさに大角力であって、だから面白い。

観客席には子供より大人の方が多くて、しかも大人の方が興奮しているのは、つまりお金を賭けているからである。

ところで、カブトムシが何故こんなに必死で闘うかと言うと、そこに秘密がある。丸太に穴があいていて、その裏をえぐった小さな部屋に雌が入っている。雄は雌のにおいに興奮し、互いに相手に取られてなるものかと、頑張るのである。

土俵の中に金も女も、何でもあるぞ、とかつて若い力士をはげました親方がいたけれど、これこそまさに、勇者ならざれば美女を得ずという格言そのままの世界である。

84
イオメダマヤママユ

目玉は怖い。お吸い物のお椀の中から睨《にら》んでいる鯛の目玉にしても、山門を護る仁王《におう》様の目玉にしても、こちらをぐっと睨みつけるものには、本能的な恐怖を感ずる。

それはもちろん人間だけのことではなくて、鳥もまた目玉、あるいは目玉模様を怖がる。そこをうまく利用したのが、ひところ田圃などでよく見かけた、たんに黒い丸だけを描いた円盤である。両側に紐をつけて引っ張られたこの目玉の円盤が風に吹かれてひるがえっていると、雀、鴉を威すのに効果がある。あるいは風船に目玉模様を描いたものを、ビルの屋上に浮かせておけば、たくさん集まってきて糞をして困る鳩なども、気味悪がって寄り付かなくなる。

空を飛ぶ昆虫の大敵は鳥であるから、昆虫の方でもやはり、鳥の怖がる目玉模様を利用している。南米産のフクロウチョウという蝶は、フクロウのような目玉模様で有名であるけれど、このイオメダマヤママユという蛾も、それを利用している蛾の一種である。普通に木の葉や樹皮などに止まっているときには目立ちにくい上の羽根を見せておき、いよいよ鳥に見つかって、つつかれた瞬間に、ぱっと羽根を開いて、下の目玉模様を示す。鳥は驚いて逃げて行くという寸法である。よく見るとその目玉には少女マンガの主人公のように星さえはいっている。

鳥が蛾の頭の方からつついたときはおそらく、いっそう効果的であろう。本をさかさまにして見ていただきたい。

85

イナゴ

「種子島の西十二キロの馬毛島《まげしま》で、バッタが大発生しています」とテレビのニュースが聞こえてきた。馬毛島は無人島である。前年の山火事で焼けた跡にススキばかりが生え、その葉を食ってトノサマバッタが大量に発生したらしい。ヘリコプターから写した映像を見ると、草原に無数のバッタが飛んでいる。「一平方メートルあたりに百匹」と言った。実に大変な数である。

トノサマバッタは、中国などで昔から飛蝗《ひこう》として恐れられているバッタである。アラビア、アフリカ、インド、ロシアなどで空が暗くなるほど発生するのもこの種類で、日本では明治十三年から数年間、北海道に大発生して人々を苦しめたという記録が残っている。

貧しくて苦しんでいる地方をわざと選んでこのバッタが大発生をする。農作物に襲いかかって完全に食べ尽くしてしまうところはまるで何かの天罰のようであるけれど、何とかこれを逆に食糧として利用出来ないものか、と私はいつも考える。たとえば海の真中の、ススキぐらいしか生えない島に実験場を作るのである。大量のバッタをフリーズドライで乾燥させ、粉末にして、大豆タンパクの人造肉に混ぜるとか、いろいろな方法があるだろう。材料はバッタと豆でも、ハンバーグなど、牛肉を用いたものと、見たところはあまり変わらぬものが、今の技術なら作れるのではないか。

その技術を完成したら飢えに苦しんでいるアラブ世界、インド、アフリカに技術の輸出をする。農薬をただ撒くよりはずっとよいと思うのだが。もちろん大発生の実情を見たことのない素人の考えである。

とはいえ、昆虫の大発生は、つまり自然のバランスがくずれたときに起こるのである。虫を食糧として利用するにしても、黄金色に実った稲の葉をかじるイナゴを、子供が集めて父親の晩酌のサカナにする——その程度でおさまるならば、それが一番いいのである。

86

アレハダオオルリタマムシ

日本を代表する美麗昆虫と言えば、筆頭にあげられるのはヤマトタマムシであろうが、それより二まわりも三まわりも大きいのが、マレーシア産のオオルリタマムシである。

タマムシは、日本の絵草子などでは、「玉虫姫」などと、女性のイメージである（ウバタマムシという地味な種もある）が、これぐらいの大型種ともなれば、男性のイメージで、ちょっとした迫力がある。

タマムシの仲間は、暑い日差しの中で、ことさらに目立つ木の葉の上などにじっと止まって、キラキラ輝いている。さぞ暑いことであろうと想像するけれど、この金属光沢のある体は、太陽の光をはねかえし、熱を体内にとりこまないらしい。

日本のタマムシはおとなしく掴まるだけだが、これは、捕ろうと手を伸ばすと、怒って翅鞘《ししょう》を少し開く。すると背中の黄色がパッと目に入るという仕掛けである。食おうとした鳥は、やはり驚くであろう。しかも下の翅で「ブー」と大きな音をたてて威嚇するのである。

じっさいに、これぐらい大きな甲虫となると、羽ばたく音と手に伝わる振動とは、電気カミソリか何か、小型のモーターを仕込んだ機械を手に持っているような感じがする。

熱帯雨林の樹冠には、こんな美しく大きい虫が、たくさん飛んでいるらしい。樹の上に登って、一度その光景を眺めてみたいものである。

87

オジロルリツバメガ

蝶は昼間飛び、蛾は夜飛ぶと、相場は決まっている——と世間の人は信じている。だから蝶は派手で美しく、蛾は地味で汚いのだ、と。

しかし、蝶蛾の種類の多い熱帯地方に行くと、昼間飛ぶ蛾もたくさんいて、蝶とのあいだに複雑な擬態関係を構成していたりする。

向こうから勢いよく飛んできた美しい蝶をさっと首尾よく捕虫網に入れたと思って、とり出してよくよく見ると、触角も肢も、体の感じも蝶ではない。「あっ、蛾だ」、そう言って逃がしてやったり捨ててしまったりする潔癖な蝶の採集家がいるものである。

ところで、昼間飛ぶ有毒の蝶に擬態する蛾というのが普通のケースであるが、オジロルリツバメガと、ラグライズアゲハの場合は、蝶のほうが、有毒の蛾に擬態している。ニューギニア本島に近いある島で、河原で激しく羽ばたいている蝶を採ってみたらこのオジロルリツバメガであった。腹部がオレンジ色をしている。蛾は止まっているときもこのオレンジ色が目立つけれど、ラグライズアゲハが止まると腹部は翅に隠れて見えなくなってしまう。それで、このアゲハは腹部をオレンジ色にするかわりに、翅の裏の、ちょうど腹部を覆うところにオレンジ色の紋様をつけて、見事にこの、毒のあるオジロルリツバメガに似せている、というのである。

何だかあまりによくできた話だが、「事実は小説より奇なり」と言う。多分、本当のことなのであろう。

88

ウスバキトンボ

台風が近づいて、長く伸びたイネが、なまあたたかい風にびゅうびゅうなびく頃、大きなアカトンボ、というよりうすいオレンジ色のトンボが、水田の上を群をつくって飛んでいる。こんなに天気が悪いと、私が捕りたいと思っているギンヤンマは姿を見せないから仕方がない、こいつでも捕るかと網を振ってみると、おっとどっこい、このトンボは気を抜いて振った網などに入るようなのろまではない。

大げさに身をかわすというのではなく、ひょいと軽く、きわどいところで網をよけるのである。それこそ〝ふい〟と顔をそむけるだけ、という感じ。まるで敵の太刀筋を見切っている剣道の達人である。

飛翔力の強さは相当なもので、子供の振る網のスピードではめったに捕る

ことができない。それもそのはず、このトンボは海を渡るほどの力を具えているのである。

すなわち、このウスバキトンボの分布の中心は熱帯から亜熱帯にかけての地方であって、その中心から、寒い地方にどんどん飛び立って行く。たとえばフィリピンあたりから飛び立ったものが四月に高知県に達し、五、六月頃には三重県に、そして八、九月には東北、北海道に到達する。ところがその頃から日本は寒くなりはじめ、移民たちは全滅する、という次第。

昆虫の中には、毎年、毎年こうやって海外進出を試みるものがいる。もし地球の気温が変わって北の方もあたたかくなれば、そのまま定着できるわけである。

89

シロオビニシキタマムシ

ラオスの首都、ビエンチャンの郊外を、昆虫写真家の海野和男さんらと、虫を求めて車で走っていた。

乾期の終わりだそうで、気温は三十五度ぐらいあるけれど、空気は乾いている。メコン河に沿って車を走らせれば、市内の舗装道路はたちまち尽きて、赤土の田舎道になる。車の後ろを振り返れば、もうもうと土けむりが立って、時たま追い越す自動車の人や歩行者が気の毒になる。みんな頭から布をすっぽりかぶって、口を押えている。申し訳ない。

田圃の向うに、大木があって、紫の花をいっぱいにつけている。その木を見て感心してから細い道を無理に通って疎林に入った。日本のクマゼミそっくりの声でシャーシャーシャーと鳴いているその姿を見れば、クマゼミとは似ても似つかぬ、小型の、ヒグラシのような種類であった。

ふと横の木の梢を見ると、何かキラリと美しい色に輝くものがある。

はっと思ってよく見れば、このタマムシがじっと木の葉の上に止まっているのであった。捕虫網の竿を最大限に伸ばして、やっとのことで網に入れる。

手にとってつくづく眺めれば、まさに金銀緞子《きんぎんどんす》綾錦《あやにしき》、熱帯の太陽に輝くその美しさ、何にたとえん方もなし、というところ。

温帯には温帯の、そして熱帯には熱帯の色彩がある。

90

アオマツムシ

原宿駅の夜、プラットフォームに立っていると、リー、リー、リーという声が降るように聞こえてくる。

「あれがアオマツムシの声だよ」

と言うと、

「えっ、あ、あれ?」

と、はじめて気がつく人が多い。アオマツムシの名前だけは知っていたという人である。そうしていったん気がつくと、

「なるほど、やかましいほど鳴いてるね」

ということになる。

アオマツムシは、その名のとおり「チンチロリン」と鳴くマツムシに姿は

似ているけれど、身体はもっとずっと大きい。マツムシがくさむらで〝すだく〟のに対して、アオマツムシは木の上に棲んでいてあんまり風情のない大声で鳴くのである。こうして樹上で生活し、地上に棲む虫たちとは棲み分けているようである。

どうやらこの虫は外国から渡ってきたものらしい。日本でこの虫の存在が最初に注目されたのは明治三十一年のこと、場所は「東京市内赤坂の榎坂下」であるという。

それが大正の初めになって急激に増えはじめ、東京中にひろがった。

その声が戦後ぱたりと聞かれなくなる。原因は、戦災によって桜やプラタナスなど、この虫の好きな街路樹が焼けてしまったこと、それからアメリカシロヒトリ駆除のために、ＤＤＴが大量にまかれたことであろう。

近年また復活して、若者の流行の中心の原宿のみならず、東京中で鳴いている。その勢いは戦前の繁栄をも凌駕《りょうが》し、東北地方にまで及んでいるようである。

91

晴着チョウ

マレーシアやインドネシアなどにいるタテハチョウの仲間に、ハレギチョウというのがいる。日本人には、まるで正月の晴着でも着ているように見えるから、日本ではそんな風によんでいるわけである。ところが現地の人たちは同じ蝶をバティック・バタフライとよんでいる。バティック、つまりインドネシアのロウケツ染めの紋様にそっくりだからである。

そうして英国人がこれにつけた名前はレース・ウィング。レースの縁飾りがついているようだというのであろう。

所変われば品変わる、ではなかった、同じものでも見る人間によってずいぶん連想するものが違うものである。

ひところ、四角いビルにつるつる光る青い屋根瓦をつけた白い壁のマンションが流行ったことがある。スペイン風と言われていて、なるほどそんな感じ、と私などは思っていたけれど、フランス人と歩いていたら、そのマンションを指差して、「中国風の変な建物」と顔をしかめて言ったので驚いたことがある。私には、この建物のどこがいったい中国風なのか、さっぱりわからなかったからである。

その同じフランス人とフランス料理を食べに行ったら、

「結構おいしいけど、これ、やっぱり日本料理だよ」

と言う。

「へえー、ぼくにはフランス料理に見えるけどなあ」

と言ったら、

「うん、フランス料理にちょっと似てるところが、すごく日本的」

と話が難しくなった。

92 バイオリンムシ

人間は、たまたま自然界中に人工物というか、まるで人間が造ったようなものを見いだすと、珍しがって喜ぶ。

この虫は甲虫のなかまで、ゴミムシやオサムシに近いと言われるが、ヴァイオリンか、ギターのような形をしている。横から見ると薄くて、うちわのようでもある。形が面白いうえに、非常に得難いものであったので、その標本は、昔きわめて高価であった。パリの国立自然史博物館が、百万フランで買い入れたというようなことが伝えられている。

しかしそのうちにこの虫のいる場所がわかってきた。マレーシアなどの、ジャングル内の倒木に生えたサルノコシカケの裏側に、貼りつくように止まっているのである。

数が少なくて珍しい虫と言われているものでも、いる場所と採り方がわかれば、あっという間に珍品の座からころげ落ちる。昆虫は体が小さくて隠れ方がうまいので、人間に見つからないだけで、いるところにはたくさんいるということが多いのだ。

バイオリンムシも、今では割合簡単に手に入るようになった。標本商のおかげである。しかしその生態については、今でもよくわかっていないようである。連中はサルノコシカケの裏で何をしているのであろうか。このキノコを食っているのか、キノコに集まる虫を食っているのか。サルノコシカケには制癌の成分が含まれているというから、もし前者ならこの虫は、少なくとも、癌にはかかりにくいであろう、と言ったりして。

ただし、うっかりこの虫を指でつまむと尾端から毒の霧を噴射する。それが目に入ったら大変だそうである。

93

ゴライアスオオツノハナムグリ

この美しい甲虫は、アフリカに産し、世界でも有数の巨大甲虫でもあるので、旧約聖書に出てくる巨人ゴリアテにちなんで、ゴライアスオオツノハナムグリと名づけられている。ゴライアスとはすなわち、ゴリアテの英語読みである。

頭部に、短いけれど複雑な形をした角を持ち、巨体にもかかわらず、飛ぶことはきわめて巧みである。もとをただせば、日本にも普通にいるカナブンの仲間なのである。

この虫の生きたものを見ることは最近まで非常にむずかしく、したがってきわめて稀なものと思われていたけれど、生態がわかってみると、それほど少ないものではないという。

昼間は活発に、もの凄い羽音をたてて飛びまわり、夜になるとある種の樹に止まって樹液を吸うらしい。朝、まだ気温の低いうちにその樹の梢にいるところを、現地の人は採集して欧米や日本に送ってくる。

欧米の昆虫の本に出ているこの虫の写真はたいてい、いわゆるヤラセであって、標本を地上や樹の上に置いて、さも生きているように見せかけている。機敏に飛んで逃げるから昔のカメラでは撮りにくかったのだ。

ただ、死んで標本になっているものは、肢の先などが、何となく硬直して不自然であることと、眼の色が漆黒から褐色に変わっていることからすぐわかるのである。

94

ムラサキヨロイバッタ

バッタをなぜバッタと呼ぶか。それはバタバタと、あるいはハタハタと飛ぶからであろう。

一方で、「ばったに売る」とか「ばったりに売る」という隠語がある。安売りをすることで、「叩き売る」というのと同じ。

「さあ、買った、買った！」と、新聞紙を丸めたようなもので、文字どおり台を叩いて客を呼ぶ、あの動作から来たのであろう。

バッタが飛ぶときの羽音がキチキチと聞こえることもある。

『山家鳥虫歌　近世諸国民謡集』（浅野建二校注・岩波文庫）という本を見ると、肥前の民謡として、

藪の中のきち〳〵坊主《ぼうず》はなじょと鳴くぞ
親が無いか子が無いか　親も子もござるけれど
伯母御《おばご》の方《かた》へ帷子壱枚《かたびらいちまい》　借りに行た

というのが出ている。このキチキチボウズは、いわゆるキチキチバッタのことであろう。

などと、呑気《のんき》なことが言っていられるのは、今の日本の話。アフリカやインドでは、サバクトビバッタ（飛蝗）がしばしば大発生をして緑という緑を食べ尽くす。

たくさんの種類のバッタの中には、ムラサキヨロイバッタのように、中世のお洒落な騎士さながら、いかめしくも美々しいものがいる。これが叢《くさむら》からキラキラ飛び出すとき、赤紫の旗指物《はたさしもの》のような美しい翅がいっぱいに広げられるのである。

95 ナンベイツバメガ

蛾は夜飛ぶもの、蝶に似て蝶よりキタナイもの、ということになっているけれど、南米に棲むナンベイツバメガという蛾は昼間飛び、しかもきらびやかで、非常に美しい。

雲母の薄片を翅に敷いたような輝きを持つ漣《さざなみ》模様は、ほかにあまり似たものがいないけれど、南米とは大西洋を隔ててはるか離れたアフリカとマダガスカルに、この仲間がいるのである。

どうしてこんなことになるのか、考えてみると、有名なウェゲナーの大陸移動説に思いあたる。つまり、昔々、マダガスカルとアフリカ大陸とは無論のこと、アフリカ大陸と南米大陸もつながっていたから、今は互いにこんなに離れた土地に、こんなによく似た蛾がいる、ということになる。

そうして、南米でもアフリカでもこれらの蛾の幼虫の食べる植物は、ユーフォルビアだという。ユーフォルビアは有毒の植物であるから、おそらくは親の蛾も有毒であろう。

ナンベイツバメガは、いずれも多数のものが集まって、群飛するというけれど、キラキラ太陽に輝いて、さぞかし壮観であろう。そんなに目立つものがどうして鳥の群に襲われないかというと、それはやはり毒があるからだ。

この蛾は人間にはきれいに見えても、鳥には吐き気をもよおさせるような、不味《まず》そうな色をしているということになるのかも知れない。

96

ケラ

　むかしむかしのコマーシャルソングに、「おケラなぜ泣くあんよがさむい、足袋がないから泣くんだよ」というのがあった。たしかサトウハチローの作詞だと思ったけれど、そろそろ寒くなって、それこそ足袋の欲しいような時期になっても、オケラは「ジー」と、電気のトランスでも故障したような声で鳴いている。

　その声を、「ミミズが鳴いている」と言う人もあり、だから件《くだん》のコマーシャルソングでも、あれはミミズじゃないよ、おケラだよと訂正するところから歌が始まるのである。

　ケラはコオロギやバッタと同じ直翅目の昆虫だが、前肢、つまり両手がシャベルのようになっていて、土を掘るのに適している。生まれながらの掘削機械のような昆虫である。英語ではモール・クリケット、つまり「モグラコオロギ」と言っているから、ちゃんと生物学的にも正しい命名であることになる。

土の中に棲んでいて、雄と雌がよく出会えるものだと心配になるけれど、夜になると土の中から這い出してうろつき回ったり、飛んだりするのである。飛ぶのに使用する後翅は、いつもはきれいにたたんでいるが、それをさっと広げるとかなりの面積になる。じつに巧みな仕掛けになっていて、折紙の名人でも、なかなかこう上手《うま》いたたみ方は思いつかないであろう。血液の圧力によるのかどうか、いずれにせよ見事なそのメカニズムは機械工学の専門家にも参考になるはずである。

97

ガロアムシ

ガロアムシとはまた妙《みょう》な名であるが、これは日光中禅寺湖畔でこの虫を発見したフランスの外交官ガロアの名に因《ちな》むものである。ガロアの名の綴《つづ》りを見ると、Gallois となっているから、発音から言えばガロワムシと言うほうが、あるいは正確かもしれない。

十九世紀から二十世紀の初めにかけて、外交官や宣教師が、西洋人にとっての未開の地に出かけて、博物学や民俗学上の発見をずいぶんしている。パンダや、珍しいシカの一種シフゾウを発見したダヴィッド神父も、そういう探検家の一人であった。

ところで、ガロアムシとは一体どんな虫か。体の部分を細かく比べてみると、ハサミムシにも、コオロギにも、ゴキブリにも、カワゲラにも似ていて、分類学的には厄介な、そして興味深い存在なのである。学名はGrylloblattodeaという。gryllusがコオロギで、blattaがゴキブリ、そしてodeaが「似たもの」を表すから、その名はつまり、コオロギ＝ゴキブリ＝モドキということになる。最近の研究では、バッタやキリギリスの仲間の先祖にあたる、言わば生きた化石ということになっている。そう言われれば、あまり美しい虫とは言えないけれど貴重なものに見えてくるではないか。

亜高山帯以上の森林の、湿った土や朽木《くちき》の中に棲む。一度採り方のコツを覚えれば、珍しいものではない、と言う人もいる。

98

フユシャク

冬の雑木林は、木々の葉がすっかり落ちて明るく、木立を通して向こうが見える。オーバーのポケットに両手を突っ込んで歩いていると、足の下で乾いた落葉がぱりぱりと音をたてる。ときどき冬らしい北風が梢をひゅうひゅう吹き過ぎていくけれど、空は青くよく晴れて、寒さはそれほど感じない。

もちろん、どこにも虫なんか飛んでいない。春から秋にかけて、あれほどたくさんいて、ときには人の顔のまわりを飛びまわり、腕に止まって悩ませた小さいアブやブユの類も姿を見せない。いったい虫どもはどこに隠れたのか。

そんなことを考えながら、木の幹にものの動く気配を感じてふと目を凝らすと、白っぽい薄い翅を持った、はかなげな蛾が、尾端に何かをくっつけてのろのろと移動している。冬にだけ出るシャクトリガ、フユシャクである。尾端についているものをよく見れば、これにも六本の肢はある。ただし翅はない。こちらはこの蛾の雌なのである。

蛾の雌の中には、羽化したときから交尾、産卵を済ませて死ぬまで、ほとんど動かないものがたくさんいるから、翅はなくてもいいようなものであるけれど、すっかりなくしてしまうとは思い切ったものである。冬こうして生きていくためには、やはりこういう省エネの設計が必要なのであろうか。

この蛾を見ると寒中水泳か何か、本来無理なことを本職にしてしまった人間、という感じがして何だか気の毒になる。

99

コノハチョウ

コノハチョウの裏返しの標本を、若い女の人に見せてあげたことがある。じっと見つめていたと思ったら、こっちを向いて変な顔をして言った。

「蝶って、木の葉？　あ、いやいや、そんなはずないか――」

一瞬、頭の中が混乱したのであるらしい。つまり彼女の頭の中で、木の枝にくっついていた枯れ葉がヒラヒラと舞い出し、蝶になって飛び去るような幻想が浮かんだのである。

日本の沖縄本島などにもいるけれど、この蝶がじっと止まっているところを見ても、なかなか気がつかない。クワガタやカナブンに混じって樹液を吸っているときには、翅をゆっくり開いたり閉じたりするから、そのときになってやっと表の美しい藍色や赤が見える。コノハチョウとはぴったりの名

前である。

網で採ってやろうとしてうっかり逃がすと、タテハチョウの仲間であるから、さっと飛んでやぶの中にもぐり込む、するとまたまったく姿が隠れてしまう。

この世界にはいろいろと不思議なことがあるけれど、この蝶がこれほど枯れ葉に似ていることなどもその一つであって、ダーウィン流の適者生存説だけではとても説明しきれないように思われる。

同種の蝶の中から少しでも木の葉に似たものだけが生き残り、子孫を残してますます似ていく——そんなことで、こんな蝶ができあがるものだろうか。

100

カイコ

昆虫の中でカイコほど人間の役に立ってきたものはあるまい。ミツバチも人に蜂蜜、蜜蠟を供して有用な昆虫であるけれど、人に絹を供してきたカイコの働きはそれ以上である。いまではナイロンだとかポリエステルだとか、安くて丈夫な繊維ができている。しかし、美しさにおいては、やはり絹にはかなわない。

一方で、カイコほど人間によって姿を変えられた昆虫もほかにはない。カイコの原種はクワゴといって、茶色い野生の蛾である。それが何千年も人間に飼われているうちに現在のカイコのように、白い、翅が短くて飛べないおとなしい蛾になったのである。こうなってしまっては、再び野生に帰ることはできない。人間の手を離れたら、カイコは亡びるだけであろう。「こんな私に誰がした」とカイコは恨んでいるかもしれないが、いまさらどうしようもない。

もちろんカイコの吐き出す絹糸の量も、クワゴの幼虫のそれよりずっと多いし、その質もカイコの品種によってさまざまに異なる。

昔から各国でカイコの研究はさかんであったが、日本の研究水準は世界の一流だそうである。

現在では糸を採るという目的だけではなく、生物学の実験材料としてもカイコは貴重な昆虫なのである。食べさせるものも、生のクワの葉ではなく、冷蔵庫に保存してあるカンテンだったりする。そのカンテンにクワの成分が含まれているわけだが、おかげで飼育の手間がずっと省けるようになったのである。

あとがき

兄の本棚に大町文衛著『日本昆虫記』という本があった。これは戦前、朝日新聞に連載されて好評を博し、単行本として何度も版を重ねた末、戦後にも各種の文庫に収録されたものである。

著者の大町文衛は明治時代に、主に紀行文で一世を風靡した文筆家、大町桂月の息子の昆虫学者で、三重高等農林（現三重大学農学部）教授の〝コオロギ博士〟として有名な人であった。

『日本昆虫記』には一話ごとに一つの虫が取り上げられ、それについての話題が、誰にでも分かるように語られている。タイワンオオコオロギという、当時の日本最大のコオロギの話とか、ニューギニアには、巨大なクツワムシの仲間がいて、コネズミを捕って食う、などという話に小学生の私はたまげたし、それぞれの話についているペン画の挿絵を、まねをして描いたものである。

『日本昆虫記』も後の方は、戦時色が濃くなってきて、「今日は戦地の兵隊さんから、紙に包んだアカボシウスバシロチョウの羽が、封筒に入れて送られて来ました」、などという挿話もある。

アカボシウスバシロチョウは、旧満州やモンゴルの蝶である。その兵隊さんは軍務の余暇に軍帽かなにかで、これを採ったのであろう。戦争であるから、生きて帰れるかどうか分からない。せめてこのあこがれの蝶を、内地の昆虫学者に送っておこうという、かつて昆虫少年だった兵隊さんの心情が伝わってくる。その読書体験の名残が本書にも少しあると思う。

ところで、本書は月刊誌「潮」に「山野蝶瞰」という題で八年間連載されたものである。毎回、昆虫写真家の海野和男さんの作品に文章を付けた。ここには海野さん、現在闘病中の村田泰隆さんとの旅の想い出も詰まっている。また三人で虫採り旅行に出かけたい。今回単行本にするにあたっては、やましたこうへいさんが虫の挿絵に工夫をこらし、本全体のデザインでも、その『日本昆虫記』の味わいを少し取り入れたりして、私の理想を実現してくださった。最後に、この文章を復活させて下さった教育評論社の小山香里さんにお礼申し上げる。

二〇一五年六月初旬

東京千駄木ファーブル昆虫館にて。

奥本大三郎

〈著者略歴〉

奥本大三郎（おくもと　だいさぶろう）

フランス文学者・作家。NPO日本アンリ・ファーブル会理事長。

1944年啓蟄（3月6日）、大阪生まれ。

東京大学文学部仏文科卒業、同大学院修了。埼玉大学名誉教授。

『虫の宇宙誌』（青土社）で読売文学賞、『楽しき熱帯』（集英社）でサントリー学芸賞を受賞。

他にも、『虫から始まる文明論』（集英社インターナショナル）など著書多数。現在、『完訳ファーブル昆虫記』（集英社）を刊行中。


本書は、月刊誌「潮」に、1986年4月号から1994年7月号に連載されたコラム「山野蝶瞰」に加筆修正したものです。

奥本昆虫記

二〇一五年六月二十八日　初版第一刷発行

著　者　奥本大三郎
発行者　阿部黄瀬
発行所　株式会社　教育評論社
〒一〇三‐〇〇〇一
東京都中央区日本橋小伝馬町12‐5　YSビル
TEL〇三‐三六六四‐五八五一
FAX〇三‐三六六四‐五八一六
http://www.kyohyo.co.jp

印刷製本　萩原印刷株式会社

ISBN 978-4-905706-93-9